电网智能运检
管理实践

广东电网有限责任公司韶关供电局　组编

彭子平　主编

中国电力出版社
CHINA ELECTRIC POWER PRESS

内 容 提 要

在电网企业数字化转型的背景下，本书探讨了智能技术在广东电网有限责任公司韶关供电局的应用模式与方法，并从组织、技术、管理三个维度，全面系统介绍了智能运维的实践经验。在组织方面，通过优化组织模式、建设智能班组和界定工作职责，构建了适用于智能运维的创新组织模式。在技术方面，介绍了机巡作业平台和设备监控平台功能，为智能运维管理提供了强有力的技术支撑。在管理方面，制定了管理标准和管理策略，明确了智能运维的管理方法和要求。此外，本书还介绍了韶关供电局在输变配一体化模式下的智能运维探索。

本书旨在拓宽读者在智能运维管理领域的视野，启发新的思路，为电力行业的管理者、研究人员和从业者提供全面而深入的电网智能运维管理的知识，帮助他们更好地理解和应用智能技术，助力电网企业的数字化转型。

图书在版编目（CIP）数据

电网智能运检管理实践/广东电网有限责任公司韶关供电局组编；彭子平主编. —北京：中国电力出版社，2023.10

ISBN 978-7-5198-7944-0

Ⅰ．①电… Ⅱ．①广… ②彭… Ⅲ．①智能控制－电网－电力系统运行 ②智能控制－电网－检修 Ⅳ．①TM76

中国国家版本馆 CIP 数据核字（2023）第 118486 号

出版发行：中国电力出版社

地　　址：北京市东城区北京站西街 19 号（邮政编码 100005）

网　　址：http://www.cepp.sgcc.com.cn

责任编辑：罗　艳（010-63412315）　李耀阳

责任校对：黄　蓓　王小鹏

装帧设计：张俊霞

责任印制：石　雷

印　　刷：北京雁林吉兆印刷有限公司

版　　次：2023 年 10 月第一版

印　　次：2023 年 10 月北京第一次印刷

开　　本：710 毫米×1000 毫米　16 开本

印　　张：12.5

字　　数：195 千字

定　　价：68.00 元

前　言

电能是清洁、高效、便捷的二次能源，在能源工业中占有极为重要的地位，是能源清洁低碳转型的关键。随着"双碳"进程加快与能源转型深入推进，传统电力系统正在向清洁低碳、安全可控、灵活高效、开放互动、智能友好的新型电力系统演进，其技术基础、运行机理和功能形态将发生深刻变化，电力系统也将面临前所未有的数字化变革升级压力。

在电网数字化转型的大背景下，传统电网运维模式在持续可靠供电、电网安全稳定和生产经营等方面的不足日益体现，传统电网运维模式与快速发展的智能技术难以匹配，亟需以智能运维建设支持电网的数字化转型。智能运维建设能极大提升电网的运维管理水平，有效降低作业人员的工作量，提高运维工作的效率。对于电网企业来说，转变电网运维模式向智能化发展已经成为一种必然的趋势。

本书立足于中国南方电网有限责任公司（简称南方电网）、广东电网有限责任公司韶关供电局（简称韶关供电局）智能运维管理的实践，全面系统介绍输、变、配电网智能运维管理组织模式的创新、智能平台的建设和管理标准的制定，并创新性地阐述输变配一体化的网格化智能运维管理模式，努力为读者全面展现韶关供电局在智能运维方面的管理及实践经验。

本书既适用于电力行业运维管理专业人士，也适用于对电力行业运维管理感兴趣的读者。由于时间仓促，书中内容难免有不妥之处，望读者朋友们批评指正。

编　者

2023 年 6 月

目　录

第一章 概 述

第一节 电网数字化转型

一、电力产业数字化转型

能源产业是现代国家发展的重要支柱，能源产业的建设与国计民生、国家安全有着紧密关联，对促进社会经济增长、增进人民福祉至关重要。经过长期奋斗，我国已成为世界上最大的能源生产消费国和能源利用效率提升最快的国家，已建成了较为完备的能源工业体系。然而，一方面，我国的能源革命仍然持续进行，能源产业发展不平衡、不充分的问题仍然突出；另一方面，全球能源转型正逐步加速，能源结构低碳化、能源系统多元化、能源产业智能化、能源供需多极化的进程正不断加快。

（一）政策推动电力市场体系改革，引导新型电力系统建设

近些年，为适应能源结构转型，国家发展改革委、国家能源局等部门出台一系列政策来完善全国统一电力市场体系，完善适应可再生能源局域深度利用和广域输送的电网体系，提高电力系统"源网荷储"一体化水平。

国务院《国务院关于印发能源发展"十二五"规划的通知》（国发〔2013〕2号）指出，着力推进能源体制机制创新和科技创新，着力加快能源生产和利用方式变革，强化节能优先战略，全面提升能源开发转化和利用效率，控制能源消费总量，构建安全、稳定、经济、清洁的现代能源产业体系。

国家发展改革委、国家能源局《电力发展"十三五"规划（2016—2020年）》指出，围绕"调整优化、转型升级"，将着力调整电力结构、优化电源布局、升级配电网、增强系统调节能力、推进体制改革、提高普遍服务水平，加快构建清洁低碳、安全高效、灵活智能的现代电力工业体系。

国家发展改革委等六部委《关于深入推进供给侧结构性改革做好新形势下

电力需求侧管理工作的通知》（发改运行规〔2017〕1690号）指出，继续做好电力电量节约、促进节能减排，重点做好推进电力体制改革，实施电能替代，促进可再生能源消纳，提高智能用电水平。

国家发展改革委、国家能源局《关于印发〈"十四五"现代能源体系规划〉的通知》（发改能源〔2022〕210号）指出，推进能源绿色低碳化进程、加快能源产业数字化和智能化升级等举措，全面构建适应新能源特点的新型电力系统、以新能源为主体的能源结构、以安全绿色低碳智慧为特征的现代能源体系。

国家发展改革委、国家能源局《关于推进电力源网荷储一体化和多能互补发展的指导意见》（发改能源规〔2021〕280号）指出，通过优化整合本地电源侧、电网侧、负荷侧资源，探索构建源网荷储高度融合的新型电力系统。利用存量常规电源合理配置储能，实施存量"风光水火储一体化"提升，稳妥推进并严控增量。

（二）电力产业数字化转型成大势所趋

2020年9月，我国提出二氧化碳排放力争2030年前达到峰值，力争2060年前实现碳中和的"双碳"目标。"十四五"规划以来，未来我国能源行业主要目标在于保障国家能源安全，积极实现碳达峰、碳中和，并继续为经济高质量发展提供动力，而这一目标自然要求加快构建现代能源体系。相较于其他能源形式，电力天然具有运输成本低且安全、易于与其他能源形式转换、用途广泛等特点，但同时其难以储存的性质也决定了电力的有效运用必须建立在强大的电网建设基础上。高效、可靠的电网体系是现代能源体系建设中的重要部分，将直接影响到能源区域分配优化和能源低碳转型等重要目标的实现，这要求电网行业必须尽快推进智能化、数字化转型，提高整体运行效率，从而满足经济高质量发展的需要。

在"双碳"目标和节能要求的大背景下，电业正在改变以煤炭为主的碳能源电结构，转向以风电、光热、光伏、储能为主的清洁能源结构。与此同时，利用大数据、云计算等数字技术，实现数字化、智能化转型，也成为电力行业实现提质增效、节能减排降耗的重要手段。

二、国家电网数字化转型

（一）以"三型两网"战略目标，推动电力系统改革

国家电网有限公司（简称国家电网）以"枢纽型、平台型、共享型"能源

互联网基本特征为基础，立足公司产业属性、网络属性和社会属性，深化实施"三型两网、世界一流"战略，建设"三型"企业。国家电网以推进建设智能电网和泛在电力物联网的信息物理融合发展为目标，促进能源流、业务流和数据流"三流合一"，优化配置能源资源，为满足多元用能提供有力支持，推动传统电网向能源互联网的转型跨越。国家电网数字化转型框架如图 1-1 所示。根据"十四五"规划内容，我国电力能源处于向新能源转型阶段，2021～2026 年主要发展方向为建设新能源体系与开发清洁能源。据此，国家电网将以新能源为供给主体、以坚强智能电网为枢纽平台、以"源网荷储"互动和多能互补为支撑，构建具有清洁低碳、安全可控、灵活高效、智能友好、开放互动基本特征的电力系统。

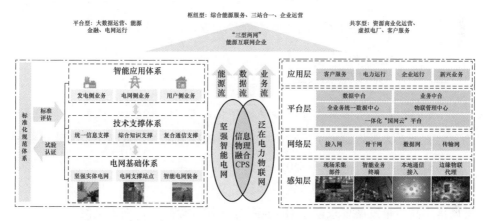

图 1-1 国家电网数字化转型框架

（二）构建合作共赢的能源互联网生态圈

国家电网应用 5G 电力虚拟专网、图像智能识别技术、数字化全过程质量管控平台、数字化配电网、5G 虚拟测量平台等技术，实践于发电环节的综合管理、输电环节的无人智能巡检、变电环节的全过程质量管控、配电环节的设备故障诊断验收、用电环节的生产现场监测等典型场景，向用户提供更安全、智慧、经济、便捷的综合能源服务。国家电网将 5G 与其他信息技术结合，打造数个智慧平台，实时监测电力各环节运行、降低监测成本、辅助决策输出，实现资源可视及可管。除此之外，国家电网还将数字化应用到电力各环节中并建立数字化全过程质量管控平台，实现项目管理全程可视化，"智"行合一，打造智慧企业。"两网"建设典型实践案例如图 1-2 所示。

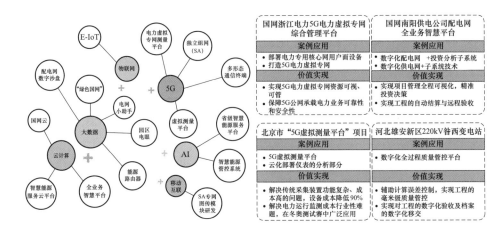

图 1-2　国家电网"两网"建设典型实践案例

三、南方电网数字化转型

(一)积极出台相关政策，推动数字化转型

党的十九大报告做出了推动高质量发展的决策部署，提出了全面建设数字中国战略。习近平总书记深刻指出，高质量发展是"十四五"乃至更长时期我国经济社会发展的主题，关系我国社会主义现代化建设全局。近年来，为深入贯彻落实高质量发展要求，全面响应数字中国建设战略，南方电网做出了一系列重大工作安排。

2018 年，南方电网组织编制并发布《智能技术在生产技术领域应用路线方案》，全面规划部署了数字化智能化技术的应用目标：提质增效。2019 年，南方电网印发《公司数字化转型和数字南网建设行动方案（2019 年版）》，启动南方电网数字化转型和数字南网建设工作。2020 年 5 月，南方电网印发《公司数字化转型和数字电网建设行动方案（2020 年版）》，进一步明确数字电网的业务目标、技术路线，推动传统电网向数字电网转变。2020 年 11 月，南方电网印发《南方电网公司数字化转型生产领域行动计划》及数字变电、输电、配电建设实施工作计划，加快生产域数字化转型。2021 年 4 月，南方电网印发《面向"十四五"电网高质量发展的生产组织模式优化专项行动方案》，按照"坚持安全第一、兼顾积极稳妥、鼓励探索创新"原则推进各项工作，有效提升电网运行水平和劳动生产效率，为南方电网"十四五"高质量发展奠定坚实的基础。

（二）"4321"架构全面支撑南方电网新型电力系统建设

南方电网创造性提出"数字电网"理论、架构和方法体系，通过四大业务平台（电网管理平台、客户服务平台、调度运行平台、运营管控平台）、三大基础平台（全域物联网、南网云、电网数字化平台）对接国家工业互联网、数字政府及粤港澳大湾区利益相关方，建立完善南方电网统一的云化数据中心，形成一个数字化、智能化、互联网化的新型电网（如图1-3所示）。数字电网以"电力＋算力"支撑绿色能源供给体系，通过安全运行体系、数字化保障体系和数字资产管理体系给予全方位保障，以数字电网、数字服务、数字运营及数字产业推动"数字电网运营商、能源产业价值链整合商、能源生态系统服务商"的战略转型，是践行国家能源战略的重要举措。

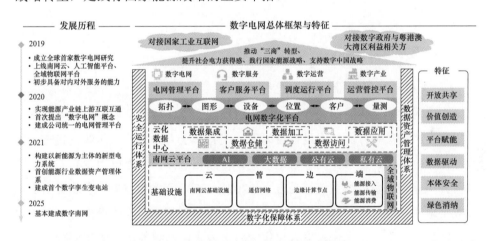

图1-3 南方电网数字电网总体框架图

（三）依托数字技术实现全链路服务创新与效能提升

如图1-4所示，南方电网将电网的规划、建设、运营、管理和服务与新一代数字化技术深度融合，开发了"南网在线""南网智瞰""南网智搜"等一系列数字产品，应用于发电、输电、变电、配电、用电各环节。南方电网将以实现绿色低碳的清洁发电、建设安全高效的智能输电、建设灵活可靠的智能配电、建设开放互动的智能用电为目标，推动多能互补的智慧能源建设，全面提升电网数字水平。南方电网在数字电网上的应用获评能源数字化示范工程，实现"智能、安全、可靠、绿色、高效"的数字输电及变电，建成"资产透明、运行透明、管理透明"的数字配电网，最终实现智慧用电、有效减排的"数字＋绿色"发展理念。

图 1-4　南方电网各环节数字化建设重点图

第二节　智　能　运　维

一、南方电网智能运维概况

（一）以智能运维推动数字化转型

在电网数字化转型的大背景下，传统电网运维在持续可靠供电、电网安全稳定和生产经营等方面的不足日益体现，现有基于人力的运维作业模式难以与即时化、数字化、复杂化的未来电网建设特点相对接。南方电网发布的《南方电网公司建设新型电力系统行动方案（2021—2030 年）白皮书》明确提出要加快数字电网建设，提升数字电网运营能力，需要以智能运维建设支持电网的数字化转型。其中，无人化、少人化作业将是数字电网智能运维的重要特征，多源信息融合的状态监测是数字电网智能运维的关键，基于大数据的数字孪生是数字电网智能运维的必然趋势。在电网运维中应用"云大物移智"为代表的数字技术，将显著提升电网透明化水平，提升电网运行的质量和效率，保障新型电力系统安全运行。

（二）智能运维工作取得一定成果

近年来，南方电网着重从生产监控指挥、人工智能基础技术、运行支持系统、智能巡视、智能操作、智能安全等方面统筹推进智慧生产工作。基本建成了高可靠性、"互联网＋"智慧能源等具有特色的示范区，并通过"云大物移智"等技术的深度融合，实现了智能变电站的智能巡视、智能操作、智能安全与信息模型可视化。同时，通过直升机、无人机的深度应用，大幅提升了现场运维巡视效率。截至 2022 年，南方电网已经打造广东电网 220kV 光明站、广东电网 220kV 松厦站、云南电网 220kV 施甸变电站、深圳供电局 500kV 鹏城站等作为数字变电示范站，并完成鹏城、深圳、狮洋、光明、松厦 5 个巡维中心 42 个变电站的智能改造，为电网运维智能化升级打下了扎实的基础。

智能巡视方面，南方电网常态化推进变电站巡视机器人作业，制定机器人配置策略和人机协同运维策略。已实现常规变电站 10 类 116 项业务 100%被智能方式所取代，实现巡视无人化，极大地提高了巡视效率和质量。

智能操作方面，实现根据操作票对变电站设备进行程序化远程操作，并通过电压电流信号和智能图像识别、位置传感、压力传感等手段自动判断每步操作是否到位，确认到位后自动执行下一个指令，实现倒闸操作的自动程序化、现场无人化。通过远程操作，减少与现场人员的下令和复令环节，单开关平均停运操作时间由 10min 降低至 5min，调度控制效率大幅度提升。

智能安全方面，采用"在线五防系统＋行为模式在线监控"的模式，利用站内固定式摄像头识别人员身份及行为，自动关联工作票信息，实现进站人员资格管控，安全措施部署检查，以及作业区域、作业过程安全行为的识别和预警。

在线监测方面，利用各类监测仪表实时检测设备的状态，主要包括电容式电压互感器二次电压、变压器油色谱、变压器铁芯电流、套管介质损耗、中性点直流、避雷器阻性电流、地理信息系统（geographic information system，GIS）局部放电、开关柜局部放电、一次设备（光纤光栅及红外）测温等，有效地节约了监测工时成本。

二、韶关供电局的智能运维概况

2020 年是韶关供电局承接落实"全国最好 2021"任务、推进高质量发展的关键之年，也是韶关供电局在智能运维建设上迈出坚定一步的重要节点。韶关供电局党委做出决策部署，坚持实事求是，立足生产经营需要，致力提升发展质量、效率和效益，在认真落实南方电网行动方案各项部署的基础上，确立

8大工作重点，其中明确要求"以数字化转型为动力推动生产运维模式优化"。

从2021年开始，韶关供电局以生产监控指挥中心＋智能巡检中心为平台，推动生产运维模式变革，以机器人自主巡视技术为支撑，推动输、变、配由人工巡视向机器人自主巡视模式转变；以生产监控指挥中心为依托，探索输、变、配运营监控新模式；以生产监控指挥中心＋智能巡检中心为平台，推动人力资源结构优化，最终实现减员、提质、增效。

（一）以自主巡视技术为支撑，推动设备人工巡视向智能巡视转型

2019年8月，全国首个变电站无人机巡检系统在韶关供电局220kV芙蓉站落地应用，该系统应用无人机智慧机巢实现无人机自动换电、自主起飞、精准降落和数据自动回传；通过无人机调度管理平台创建下发巡视任务，并对巡视作业进行实时监控与设备异常主动告警，开启了变电站立体巡检新时代，经测算可替代70%的变电站室外人工巡视工作，有效提升了变电巡视工作效率，实现了变电运维模式的转变。已完成220kV樱花站等34座变电站三维建模工作，完成12座变电站无人机巡视航线规划及试飞工作，为实现韶关全域变电站无人机巡视新模式奠定基础。

2020年8月，韶关供电局成功将倾斜摄影建模技术应用于中压配电网架空线路三维建模，有效解决无信号区线路建模及航线规划问题。2021年，累计完成机巡作业里程4.6万km，其中自动巡航里程累计2.5万km；2021年2月，完成输电线路5000km无人机自主巡视的覆盖；2021年4月，完成全域户外敞开式128座变电站的三维建模和航线规划，实现变电业务无人机自主巡视的全覆盖。

紧接着挂牌成立智能巡检中心，推进"无人机区域巡检系统"，以变电站为核心的全域输变配电网格化联合集中巡视运维管控新模式，实现生产运维管理工作的革命性变化。

（二）生产监控指挥中心为依托，探索设备在线监控新模式

韶关供电局以生产监控指挥中心为依托，完成省生产监测指挥中心平台、大数据平台、调度自动化系统数据接入，实现输、变、配电设备状态实时预警及可视化展示。

一方面，通过挖掘自动化系统数据、设备在线监测数据潜力，探索设备实

时监测取代周期性试验,推动设备由设备周期性检修策略向状态检修策略转变。2020 年,韶关供电局通过生产监控指挥中心发现电容式电压互感器(CVT)电压异常 4 单,全部完成排查整改,完成率 100%;避雷器泄漏电流异常 47 单,全部完成排查整改,完成率 100%;主变压器温度监测异常 29 单,缺陷确认 23 单,待排查 6 单,完成率 79.31%。2020 年 3 月,韶关供电局在试运行的基础上开展输变配电网一次设备运维策略的优化工作,采用机巡替代人巡、利用在线监测装置与运行数据分析延长检修周期等手段,优化生产班组作业运维策略 102 项。

另一方面,依托生产监控指挥中心平台,开展大数据分析,助力电能量全过程管理及市场全方位服务。韶关供电局试点开展配电变压器重过载、低电压、线路跳闸在线实时监控,实现客户投诉、配电变压器重过载、低电压、线路跳闸每日监控闭环管理机制,将监测结果输出到业务部门,为电网规划、生产运维、市场营销全过程管控和监督提供数据支撑;发现贫困村新增低电压台区 55 个,完成治理 55 个,整改 100%,为完成贫困村低电压治理提供了有力支撑。智能巡维不仅缩短了作业人员在作业现场的暴露时间,降低了人身风险,还提升了设备监测能力,提升了设备健康度的管控能力,推动人力资源结构优化,最终实现减员、提质、增效。

第二章 组织模式优化

第一节 整体介绍

随着科技水平的不断发展，以先进无人机技术、视频行为识别技术、三维建模立体巡航技术、先进通信集群技术以及生产监控指挥体系平台等为代表的一系列新技术新产品在电网运维中得到应用，输变配电运维中原有的巡视工作量大、人工需求高、运维业务效率低等问题在技术上具备了解决的可能。韶关供电局作为网省公司首批开展智能运维的探索单位，积极开展了一系列变电站及输配线路智能设备自动巡检科技试点示范项目，建立了输变配电一次设备三维建模及航线规划，逐渐实现输变配电无人机自主巡视的覆盖。

无人机的应用提高了问题发现能力，但因原有"巡检"一体模式，主体责任与监督责任不清晰，缺陷的发现效率无法真正提高。与此同时，由于巡视效率的提高，对专业巡视人员的需求减少，但分散巡检模式下巡视人员利用率低，运维人员的需求未得到有效减少。因此，韶关供电局从组织模式着手，建立了"生产监控指挥中心＋机巡作业平台＋运维班组"模式，实现业务管理上的"巡检"分离，极大提升了运维管理的效率。

一、组织架构

在原有的组织架构下，各下属局、所多采用巡检一体化的业务模式，输、变、配电运维管理相对独立，缺少联动和统一规划。随着无人机技术的应用，巡视工作的问题发现能力提高，人力依赖程度降低，同时也带来消缺、无人机运行维护、数据处理等方面的新压力，原有巡检一体化模式已无法适应数字化转型的需求。为更好适应电网数字化转型要求，支持无人机巡和智能监控技术在电网业务中的应用，韶关供电局通过在市局成立生产监控指挥中心，统筹无人机自主巡视工作，对各地市局进行班组优化，由生产单位负责设备维护业务，实现"运检"责任主体的分离,以此强化问题发现能力和问题处置能力,具体组织架构优化如图2-1所示。

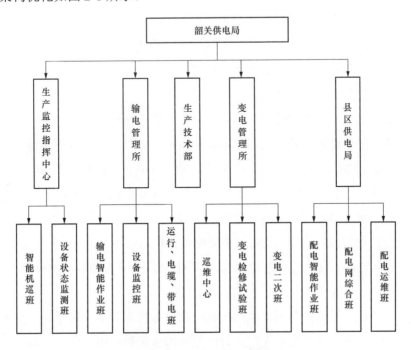

图2-1 组织架构示意图

(一)生产监控指挥中心建设

韶关供电局生产监控指挥中心作为局直属实施机构接受管理,主要负责承接局生产监控工作及输变配电智能运维工作。

1. 主要功能和定位

韶关供电局生产监控指挥中心在纵向上承接省级生产监控中心业务安排,协助对所辖县区级生产监控指挥中心进行监督,充分发挥五级结构中的纽带作用;在横向上接受局生产技术部业务指导,协助局生产技术部统筹开展各专业机巡业务、业务流程监督、技术监督评价等工作,并连同局其他部门共同推动生产业务效率提升;在智能运维专业方面,生产监控指挥中心负责统筹开展相关技术研发、生产域数据融合应用、平台系统建设等业务。

2. 班组设置

生产监控指挥中心下设设备状态监测班、智能机巡班两个班组。其主要功能如下：

（1）设备状态监测班主要负责生产监控指挥平台建设，并承担第二类设备监视信号集中监测以及在线监测装置维护工作。

（2）智能机巡班主要负责无人机巡检功能模块建设工作、变电一次设备无人机巡检工作和配电网一次设备无人机巡检统筹工作。

（二）智能作业班建设

为了实现巡视集约化管理，韶关供电局分别在输电管理所、生产监控指挥中心、各县区局设置专业班组，集中开展机巡业务，从而实现基层运维中巡检业务与运维业务的分离。其中，在生产监控指挥中心设置智能机巡班，负责变电机巡业务的开展；在输电管理所和县区局分别设置输电智能作业班和配电智能作业班，负责输电和配电机巡业务的开展。

（1）输电智能作业班：负责输电架空线路机巡业务（无人机精细化、红外、通道巡视及建模）集约化实施和管理、应急技术支持、智能数据的分析和应用、智能设备的运维等工作。

（2）智能机巡班：负责变电站户外一次设备机巡业务（可见光、红外）集约化实施和管理、应急技术支持、智能数据的分析和应用、智能设备的运维等工作。

（3）配电智能作业班：负责配电架空线路机巡业务（无人机精细化、红外、通道巡视及建模）集约化实施和管理、应急技术支持、智能数据的分析和应用、智能设备的运维等工作。

（三）运维班组建设

为了更高效开展设备的运维工作，韶关供电局将原运维班组工作职能由"巡视、维护、消缺、抢修"转变为"维护、消缺、抢修"，使其成为专业的"问题处理中心"，本地化开展设备"问题处理"工作，提升了消缺、抢修和维护等运维工作的效率。

（1）输电专业班组：负责输电架空和电缆线路全生命周期维护和资料管理工作，开展设备状态评价、编制运维计划；负责缺陷、隐患跟踪处理，人工测量；负责禁飞区、限飞区和无信号区线路人工巡视；负责新、改建线路验收工作；开展带电检修消缺，履行间接许可工作。

（2）变电专业班组：负责变电设备全生命周期维护和资料管理工作，负责设备状态评价、巡视计划编制与执行、设备操作等工作；负责设备缺陷、隐患跟踪处理；负责变电新、改建等验收工作。

（3）配电运维班组：负责配电一次设备验收、特殊巡视、维护、检修、抢修等工作；负责配电网二次设备现场验收、日常巡视和简单维护等工作，并负责申请调整保护定值。

二、工作界面

（一）变电机巡

如图 2-2 所示，变电机巡方面，生产监控指挥中心智能机巡班负责机巡计划编制与执行，机巡缺陷分析、审核与发布，以及业务流程监督等工作。变电管理所负责缺陷现场复核和设备消缺工作。

1. 机巡计划编制与执行

智能机巡班根据设备运维等级和巡视策略编制变电机巡计划，运用无人机调度平台开展变电站室外一次设备日常巡视和红外测温工作，机巡无法覆盖设备由变电站运维人员进行人巡补充。

2. 缺陷分析、审核与发布

智能机巡班依托生产监控指挥平台开展变电数据分析工作，主要包括表计识别、红外分析和设备缺陷人工查找。设备缺陷经人工审核后自动生成缺陷报告。智能机巡班每日将缺陷报告下发至变电管理所，由运行班组开展现场复核和缺陷上报，专业班组开展设备消缺工作。

3. 业务流程监督

智能机巡班依托生产监控指挥平台和电网管理平台开展变电机巡计划完成率、巡视图片查看率、缺陷上报情况和消缺完成率统计，形成变电巡视工作日报，下发至变电管理所，对变电巡视业务流程进行统筹监督。

（二）输电机巡

输电机巡方面，省级机巡中心负责统筹整体机巡计划，生产监控指挥中心开展输电机巡计划完成情况和缺陷发现情况监管。输电智能作业班负责区域内输电架空线路的机巡作业和数据分析工作。输电专业班组负责对设备进行维护、禁飞区巡视或特巡、消缺等工作。

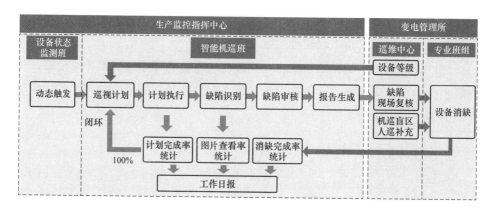

图 2-2　变电机巡业务流程图

1. 机巡计划制定与传达

省级机巡中心根据架空线路状况和巡视要求制定整体线路巡视计划，生产监控指挥中心承接上级的输电机巡计划，统筹固定翼无人机、卫星图像或其他手段集中完成输电线路巡视内容。

2. 机巡计划执行、缺陷识别与消缺

输电智能作业班对区域内非禁飞区线路进行无人机巡视，并将巡视数据上传至机巡中心。通过应用机巡中心缺陷识别平台，对缺陷进行智能识别，输电智能作业班进行人工识别作为补充。对成功识别的线路缺陷，则转交专业班组进行消缺处理。

（三）配电网机巡

如图 2-3 所示，配电网机巡方面，生产监控指挥中心智能机巡班负责机巡缺陷分析、审核与发布，以及业务流程监督等工作。县区局负责机巡计划编制与执行、缺陷现场复核和设备消缺等工作。

1. 缺陷分析、审核与发布

智能机巡班对各县区局上传至生产监控指挥平台的巡视数据开展配电网缺陷分析工作，主要包括配电网树障隐患识别、配电网缺陷智能分析和人工查找。设备缺陷经人工审核后自动生成缺陷报告。智能机巡班每日将缺陷报告下发至各县区局生产计划部，由各县区局中压配电运维班开展现场复核和设备消缺工作。

2. 业务流程监督

智能机巡班依托生产监控指挥平台和电网管理平台开展配电网机巡计划完成率、巡视图片查看率、缺陷上报情况和消缺完成率统计,形成配电网巡视工作日报,下发至各县区局生产计划部,对配电网巡视业务流程进行统筹监督。

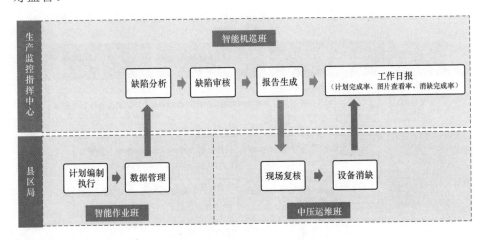

图 2-3 配电网机巡业务流程图

(四)二类信号监测

如图 2-4 所示,二类信号监测方面,设备状态监测班主要负责设备状态在线监测、生产指标数据监测和差异化运维等工作。

1. 设备状态在线监测

设备状态监测班以常白班形式开展设备状态在线监测并发布设备监测日报,及时将设备状态告警信息反馈各二级部门及县区局生产计划部,由专业班组开展现场复核和设备消缺工作。设备状态监测班通过设备状态跟踪和各二级部门及县区局反馈情况,对设备状态在线监测发现的问题进行闭环管理。

2. 生产指标数据监测

设备状态监测班以常白班形式开展配电网低电压、重过载、线路跳闸、客户投诉、紧急重大缺陷等 5 类配电网指标监测,并发布配电网监测日报,及时将指标告警信息反馈生产技术部,由生产技术部专业专责开展问题分析、形成处置方案，下发至各二级部门及县区局进行问题处置。设备状态监测班根据指标告警跟踪和各二级部门及县区局反馈情况，对生产指标数据监测发现的问题进行闭环管理。

3. 差异化运维

设备状态监测班通过对监测数据的统计分析，开展一次设备状态评价，制定专项运维策略，经生产技术部审核发布后，由二级部门及县区局执行。依托设备监测数据的数字化支撑，实现设备差异化运维，保证资源最大利用率。

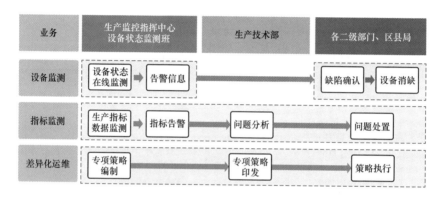

图 2-4　二类信号监测业务流程图

第二节　职责功能定位

一、生产监控指挥中心建设

（一）指挥中心职责及业务范围

（1）协助局生产技术部统筹开展输变配专业机巡业务、业务流程监督、技术监督评价等工作。

（2）负责变电站室外一次设备精细化巡视、红外巡视及变电站动态巡视工作，包括现场作业、数据分析处理、机巢维护。

（3）负责无人机各功能模块的建设与维护，响应机巡业务的技术需求。

（4）负责存量变电站室外一次设备的点云采集、通道建模、航线规划工作及数据处理，以及巡视数据台账的维护。

（5）负责机巡作业过程文件的管理，包括照片、视频、点云等储存、更新等。

（6）负责新建、技术改造间隔的点云、航线等机巡数据的验收。

（7）负责机巡装备的规划、选型，提出申购需求。

（8）负责无人机相关技术的探索、试运行。

（二）工作模式及人员配置

生产监控指挥中心按照行政班模式上班，该中心管理类岗位设总经理、副总经理各1人；专业技术类岗位设党建人资及综合管理、科技创新及生产项目管理、生产计划及安全监管、智能运维管理岗位各1人；下设智能机巡班、设备状态监测班两个班组。

二、智能机巡班建设

（一）班组职责及业务范围

（1）负责输配线路树障识别平台、配电网缺陷识别平台、无人机调度平台、数据管理平台等系统平台的开发建设、日常运维和网络安全管理。

（2）负责输配线路树障识别平台、配电网缺陷识别平台、无人机调度平台、数据管理平台等系统平台的基础台账管理、运维数据管理和数据分析及应用工作。

（3）负责一次设备无人机自主巡视计划编制、执行工作，以及无人机及机巢的日常维护工作。

（4）负责一次设备智能巡视数据分析及缺陷、隐患发布工作。

（5）负责生产监控指挥中心设备及工器具运维工作。

（6）负责无人机台账、作业记录等各项技术资料、工作记录的规范填写和整理归档。

（7）负责配合开展事故异常、故障的调查分析，研究防止事故异常、故障的技术和措施。

（二）工作模式及人员配置

智能机巡班现有班员12人，主要负责无人机巡检功能模块建设工作、变电一次设备（61座变电站）无人机巡检工作和配电网一次设备无人机巡检统筹工作。

三、设备状态监测班建设

（一）班组职责及业务范围

（1）负责生产监控指挥平台的开发建设、日常运维和网络安全管理。

（2）负责生产监控指挥平台的数据接入、数据质量管理和数据挖掘应用。

（3）负责局属变电站第二类设备监视信号集中监视工作。

（4）负责设备状态监测、状态评价及运维策略的制定及监督工作。

（5）开展配电网低电压、重过载、客户投诉等日常监测工作。

（6）开展雷电、台风、山火、覆冰、外力破坏、微气象等环境及气候集中监测和预警工作。

（7）负责监控作业记录等各项技术资料、工作记录的规范填写和整理归档。

（8）负责配合开展事故异常、故障的调查分析，研究防止事故异常、故障的技术和措施。

（二）工作模式及人员配置

设备状态监测班现有班员 7 人，负责生产监控指挥平台建设、第二类设备监视信号集中监测以及在线监测装置维护工作。

四、智能作业班建设

（一）输电智能作业班

1. 管理部门

输电智能作业班为输电管理所直属班组，其生产业务由输电管理所管理。

2. 班组职责及业务范围

（1）负责所有输电架空线路的精细化巡视、通道巡视工作，包括现场作业、数据分析处理。

（2）负责所有架空输电线路的无人机周期性测量工作，如红外测温、交叉跨越测量等。

（3）负责所有输电线路的点云采集、通道建模、航线规划工作及数据处理、巡视数据台账的维护。

（4）负责机巡作业过程文件的管理，包括照片、视频、点云等储存、更新等。

（5）负责新线路、技术改造线路的点云、航线等机巡数据的验收，以及配合线路投运前的无人机现场验收。

（6）负责输电管理所机巡装备的规划、选型，提出申购需求。

（7）负责无人机相关技术的探索、试运行。

3. 工作模式及人员配置

输电智能作业班按照行政班模式上班，配置 12 人，负责 5000km 输电架空线路无人机巡视业务。

（二）配电智能作业班

1. 管理部门

配电智能作业班为各县区局生产计划部直属班组，其生产业务由生产计划部管理。

2. 班组职责及业务范围

（1）配电智能作业班负责配电架空线路的精细化巡视、通道巡视工作，包括现场作业、数据分析处理。

（2）负责配电架空线路的无人机周期性测量工作，如红外测温、交叉跨越测量等。

（3）负责存量配电架空线路的点云采集、通道建模、航线规划工作及数据处理，以及巡视数据台账的维护。

（4）负责机巡作业过程文件的管理，包括照片、视频、点云等储存、更新等。

（5）负责新线路、技术改造线路的点云、航线等机巡数据的验收。

（6）负责机巡装备的规划、选型，提出申购需求。

（7）负责无人机相关技术的探索、试运行。

（8）负责配电网智能设备的运维等工作。

3. 工作模式及人员配置

配电智能作业班按照行政班模式上班，人数按管辖区域中压架空线路 300km/人配置，总定编配置不超过 8 人。

五、智能运维班建设

（一）输电专业

1. 管理部门

输电管理所下设的运维班组为 7 个运行班、1 个监控班、1 个带电班、1 个电缆班。

2. 班组职责及业务范围

（1）运行班：

1）负责本班维护设备的全生命周期维护工作，包括设备状态评价、管控级别确定、线路运维策略制定、计划的制定和管控；负责本班维护设备的全生命周期资料维护。

2）负责本班维护设备禁飞区、限飞区、无信号区等机巡作业不能覆盖区域的人工巡视，保供电特巡（电网风险＋节假日＋防风防汛＋迎峰度夏），以及故障巡视。

3）负责本班维护设备的人工测试工作。

4）负责本班维护设备（包括输电传统设备和智能终端设备）的检修维护工作，包括日常维护（包括导地线开夹检查、防雷设施检查、安健环检查维护、通道维护等）和消缺工作，对缺陷全流程进行跟踪管控闭环；负责本班维护设备及通道的隐患的跟踪。

5）负责本班维护设备的故障及抢修工作。

6）负责本班维护设备的电子化台账、数据维护。

7）负责本班维护设备的反事故措施、技术改造、修理等项目的需求收资，以及验收及台账更新工作。

（2）监控班：

1）负责输电智能设备的全生命周期管控工作。

2）负责智能设备的报修及验收等；负责与智能设备厂家的对接。

3）负责输电生产类指标、数据的管控工作。

4）负责线路一种票、紧急抢修票、带电作业票、退出重合闸线路二种票的间接许可工作。

5）负责缺陷、隐患（包括提级、降级、取消、闭环等）的审核工作。

6）负责与省公司、市局生产监控指挥中心对接，提出、汇总、研发新功能需求。

7）负责智能装备的需求收资，提出智能装备的申购需求。

（3）带电班：

1）负责 110～220kV 输电线路的带电作业。

2）负责输电管理所技能类培训工作。

3）参与输电管理所监察性巡视工作。

（4）电缆班：

1）负责电缆设备的全生命周期管理工作，包括设备状态评价、管控级别确定、线路运维策略制定、计划管控；负责本班维护设备的全生命周期资料维护。

2）负责 35～110kV 电缆的巡视工作，包括精细巡视、路径巡视、特殊巡视、保供电特巡（节假日＋防风防汛＋迎峰度夏）、故障巡视、临时特巡等。

3）负责 35～110kV 电缆的测量、预试、定检工作。

4）负责 35～110kV 电缆的缺陷、隐患的跟踪。

5）负责 35～110kV 电缆的故障及抢修工作。

6）负责输电电缆智能设备的验收、运维工作。

7）负责本班维护设备的电子化台账、数据维护。

8）负责本班维护设备的反事故措施、技术改造、修理等项目的需求收资，以及验收及台账更新工作。

3．工作模式及人员配置

输电管理所运维班组均按照行政班工作模式，下设 10 个班组，其中 7 个架空线路运行班配置 112 人、1 个监控班配置 4 人、1 个带电班配置 5 人、1 个电缆班配置 5 人。负责 5000km 输电架空、电缆线路设备全生命周期维护、检修等相关工作。

（二）变电专业

1．管理部门

变电管理一所下设的运维班组为 8 个巡维中心、1 个检修班、1 个继保自动化班、1 个站用电源班、1 个高压试验班、1 个化学及电测试验班。

变电管理二所下设的运维班组为 6 个巡维中心、1 个检修班、1 个继保自动化班、1 个站用电源班、1 个高压试验班。

2．班组职责及业务范围

（1）检修班：

1）负责所辖变电站一次设备事故抢修工作，参与事故事件调查分析，协助制定防范措施，并落实整改。

2）负责所辖变电站一次新设备的监造和基建、大修技改工程一次图纸审查、关键步骤旁站、中间验收及竣工验收工作。

3）负责所辖变电站一次设备大型检修及复杂缺陷的消缺工作，支援各巡维中心紧急缺陷处理。

4）负责参与设备异动后进行一次设备及相关回路的验收。

（2）高压试验班：

1）负责协助开展主网安全工器具的校验检测。

2）负责协助开展所属变电站内一次变电设备的高压试验、验收以及大修技改工程管理工作。

3）负责协助开展在线监测装置数据收集和统计分析工作；负责协助开展输电线路的参数测试及电缆绝缘耐压试验。

4）负责协助开展变电一次设备的预试、诊断性和专项试验；负责协助开展变电设备红外、局部放电、避雷器带电测试等工作。

（3）站用电源班：

1）负责组织电源设备修理技改项目的实施，参与电源设备基建项目的可行性研究、设计审查、验收、投运等工作。

2）负责组织编制管辖范围内电源设备的年度、月度定期检验计划，并按计划开展定期检验工作。

3）负责组织编制管辖范围内电源设备的应急预案，参与电源设备事故抢修及调查分析工作，开展电源设备专项检查工作，执行反事故技术措施。

4）负责组织开展管辖范围内电源设备、发电机（车）的运行维护及缺陷处理。

（4）继保自动化班：

1）负责继电保护、安全自动装置、电源设备的定检、消缺、故障处理与分析、定值修改、修理技改项目现场实施监督和验收等工作。

2）负责完成所辖站端自动化设备维护、定检、消缺等自动化核心业务工作。

3）负责所辖变电站大修技改工程站端自动化设备的验收工作。

4）负责新建、改建、扩建工程的二次设备竣工验收和二次设备现场运行规程修编，参与新扩建工程二次图纸审查校对工作。

5）负责班组各类工器具及仪器仪表管理和维护保养。

6）负责完成所辖变电二次设备及相关二次回路反事故措施和专项工作，参与事故抢修和调查分析工作，协助制定和落实防范措施，并落实整改。

7）负责参与设备异动后进行二次设备及相关回路的交接试验及回路传动工作。

（5）变电巡维中心：

1）负责组织变电站定期巡视、设备维护、电气操作、"两票"（即工作票、操作票）办理等工作。

2）负责变电站设备的监控、巡视、表计记录、倒闸操作、事故处理等工作。

3）负责参与变电站设备的检修、试验验收工作和新建、改建、扩建工程的竣工验收工作。

4）负责落实设备缺陷管理制度的要求，配合完成设备隐患及缺陷处理工作。

5）负责承接 C 类检修工作，并承接无人机机巢维护工作。

3．工作模式及人员配置

变电管理一所下设 8 个巡维中心配置 148 人、1 个检修班配置 17 人、1 个继保自动化班配置 19 人、1 个站用电源班配置 4 人、1 个高压试验班配置 14 人、1 个化学及电测试验班配置 11 人。负责所辖 70 座变电站（500kV 变电站 1 座、220kV 变电站 7 座、110kV 变电站 44 座、35kV 变电站 18 座）一、二次设备全生命周期维护和检修等相关工作。

变电管理二所下设 6 个巡维中心配置 138 人、1 个检修班配置 15 人、1 个继保自动化班配置 17 人、1 个站用电源班配置 4 人、1 个高压试验班配置 11 人。负责所辖 64 座变电站（500kV 变电站 1 座、220kV 变电站 6 座、110kV 变电站 32 座、35kV 变电站 25 座）一、二次设备全生命周期维护和检修等相关工作。

（三）配电专业

1．管理部门

韶关供电局下辖 9 个县区局，其中翁源供电局全面试点中压集中运维模式，局生产计划部下设 2 个中压运维班组，分龙仙生态片区、翁城工业片区，分区开展中压集中运维；低压线路运维工作由辖区 8 个供电所属地化开展。

城区供电局、乐昌供电局、乳源供电局分别选取 4 个（共 9 个所）、2 个（共 17 个所）、3 个（共 4 个所）供电所试点中压集中运维模式，局生产计划部下设 1 个中压运维班组，对试点供电所所辖中压开展集中运维；低压线路运维工作由属地供电所开展。

曲江供电局、南雄供电局、仁化供电局、始兴供电局、新丰供电局分别选取 1 个（共 9 个所）、2 个（共 13 个所）、2 个（共 10 个所）、1 个（共 8 个所）、2 个（共 7 个所）供电所试点中压运维力量集约化管理，成立"配电中压运维班"对试点供电所所辖中压开展集中运维；低压线路运维工作由属地供电所开展。

2. 班组职责及业务范围

（1）配电中压运维班：

1）负责中压线路（含随线路敷设电力光缆）、电缆的验收、巡视、维护、检修、急修等工作。

2）负责编制检修、预试计划和日常维护、消缺工作计划，并对执行情况进行总结分析。

3）负责购置类、应急类和修理类等项目的实施工作。

4）负责接受配调命令，进行各项操作和事故处理，监督检查现场安全、运行规程的执行，签发工作票和操作票，定期检查"两票"。

5）负责设备的检修、新（扩）建、改造后、验收前的准备工作，并参与验收。

6）负责提出配电网保护和安全自动装置定值申请。

7）负责辖区内配电网设备现场验收、巡视工作；负责辖区内配电网二次设备现场验收、调试、巡视和简单维护等工作。

8）负责设备台账、巡视记录、缺陷记录等各项技术资料、工作记录的规范填写和整理归档，开展中压配电网设备存在问题集的入库工作。

（2）配电低压运维班：

1）负责低压设备及线路（含随线路敷设电力光缆）、电缆的验收、巡视、维护、检修、急修等工作。

2）负责购置类、应急类和修理类等项目实施工作。

3）负责接受和执行配调命令，进行各项操作和事故处理。

4）负责编制检修、预试计划和日常维护、消缺工作计划。

5）负责低压设备的检修、新（扩）建、改造后、验收前的准备工作，并参与验收。

6）负责设备台账、巡视记录、缺陷记录等各项技术资料、工作记录的规范填写和整理归档，负责低压配电网设备存在问题集的入库工作。

3. 工作模式及人员配置

各县区局试点中压集中运维模式的供电所或班组采用中低压分离急修模式值班，其余采用中低压合一急修模式值班；各县区局共设置供电所 85 个，各类专业班组共 94 个，共配置 898 人，负责 19000km 中压架空、电缆线路及中低压配电设备全生命周期维护、检修等相关工作。

第三章　智能平台建设

第一节　机巡作业平台

在传统的无人机巡视业务中，业务开展依赖于各班组的人工操作，由于缺少系统性功能开发和设备标准统一，机巡业务控制与机巡数据处理大部分需要人工手动完成，使得机巡业务人力成本高、效率低，不能充分发挥技术进步对电网智能运维的改进效果。

生产监控指挥中心的成立以及各专业中巡、维业务的分离，实现了机巡业务的集中管理，为建设统一的机巡作业平台从而提供集成化、标准化、智能化的机巡业务后台支持提供了可能。支持平台的建设，一方面为无人机功能开发和实现提供了统一框架，实现了业务与技术的标准化衔接，另一方面基于 GIS 技术和人工智能识别技术，降低了机巡业务对人工的依赖程度，降低了机巡业务的开展难度，并提高了电网运维效率。

一、平台架构

机巡作业平台主要用于电网一次设备机巡业务的前端管理和后端支持业务，对机巡业务中所需的各项功能进行统一集成并向作业人员提供操作入口。

（一）系统架构

机巡作业平台的系统架构如图 3-1 所示。

机巡作业平台以无人机机巢路由器作为无人机操作、监控和数据处理终端，通过互联网数据中心（internet data center，IDC）防火墙、生产监控指挥中心防火墙实现网络安全防护，并与系统服务器实现连接。通过 GIS 系统和指挥中心操作屏，实现作业平台系统的操作入口。

（二）功能架构

机巡作业平台的主要功能如图 3-2 所示。

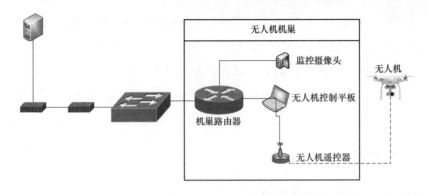

图 3-1　机巡作业平台系统架构图

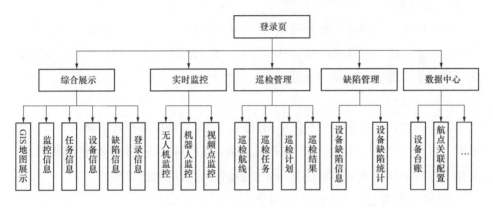

图 3-2　机巡作业平台主要功能图

机巡作业平台主要包括的功能有综合展示、实时监控、巡检管理、缺陷管理和数据中心。

（1）综合展示：可对巡检计划、缺陷统计、智能设备资产等信息进行展示，结合 GIS 技术，可通过地理信息图展示不同电压等级变电站、线路、机场、无人机、机器人、监控视屏点以及气象数据，并支持操作人员对信息进行查询。

（2）实时监控：通过机巢、机载摄像头、卫星图像对无人机、机器人的作业过程和作业现场进行实时监控，协助机巡工作、故障识别工作、故障排除工作的进行。

（3）巡检管理：支持操作人员对各线路和站点的巡检计划、巡检任务、巡检路线、巡检结果进行管理，对航线数据进行保存和智能整合，支持巡检计划的定期和不定期执行。

（4）缺陷管理：机巡作业平台支持对机巡图像数据、红外图像数据等返回信息进行智能识别处理，形成缺陷报告。操作人员可对机巡图片进行查看、编辑和标记。对智能缺陷识别结果，可支持人工二次审核和改动。

（5）数据中心：对机巡数据进行集中存储和数据处理，支持数据的及时更新和版本迭代。

二、功能模块

（一）配电网机巡功能模块

1. 航线建模

储存配电网线路倾斜摄影图像数据和点云数据，基于线路点云建立高精度模型，并对各配电网线路航线文件进行统一格式的储存和管理。支持后续对航线文件基于实际情况变动的改进工作。

2. 航线规划

基于巡检计划所需巡检的配电网线路，结合沿途机巢布置情况、无人机续航能力以及天气等因素，自动生成机巡航线。支持对航线进行手动拼接和修改。支持多任务下航线或无人机任务冲突或协同下的智能处理方案。

3. 无人机调控

可基于已设定的定期或不定期机巡计划，自动化执行机巡任务。机巡任务开始时或执行中，可支持实时机载摄像头或机巢摄像头进行监控以方便操作人员确认任务是否顺利执行或智能设备是否存在安全隐患。出现突发情况时，平台可自动对无人机发出回收指令，或向操作人员移交控制权以实现手动操作。

4. 数据处理

（1）配电网线路多模态数据融合分析模块。该模块针对无人机的多种模态传感器及其数据（红外、可见光）的特点，结合配电网设备特征及环境特点，研究多模态数据物理、数字融合技术。充分利用韶关供电局积累的海量无人机巡检数据，实现配电网线路设备七类典型缺陷 [杆塔异物（如鸟巢、蜂窝）、绝缘子设备、绝缘子电气损伤、绝缘子机械损伤、防振锤断头、藤蔓攀爬]、红外影像关键部件的全自动、高效率的智能识别及并行计算，基于多模态数据的特征融合，将不同数据的缺陷特征与缺陷识别结果进行计算、融合、分析、校验，使缺陷识别方法能够更高精度、更加全面地进行巡检线路的排查与缺陷隐患分析，辅助管理人员进行人工研判及审核，全流程下的预警分析与结果输出传送，进一步提升巡检排查系统的运转效率，降低生产运行成本，提高缺陷报告制作的效率和成果规范化水平。

（2）配电网线路设备异常增量数据处理模块。该模块利用大数据技术，实现配电网线路设备异常增量数据处理，并将处理结果输出，提供给配电网线路缺陷模型训练模块，针对在多模态数据融合分析过程中出现的问题进行增量处理，持续提升配电网线路设备异常检测的准确性。

（3）配电网线路缺陷模型训练模块。该模块实现了配电网线路缺陷模型完整生命周期管理，包含算力调度、模型训练、模型测试和模型发布等功能。可由供电局相关人员开展自主模型训练，降低电力企业应用人工智能（artificial intelligence，AI）技术的门槛，全面支持 AI 作用于配电网线路机巡影像分析业务流程。

（二）变电机巡功能模块

1. 航线建模

采用无人机倾斜摄影作业模式采集可见光数据，建立变电站高精度实景模型，采用激光雷达扫描作业模式采集点云数据，建立变电站高精度点云模型。

2. 航线规划

（1）根据变电站的电压等级及巡检的区域，规划无人机巡检拍照航点数量及位置。

（2）基于高精度三维模型编辑巡检航线：

1）添加部件点。在高精度三维点云模型上，选择需要拍摄的变电设备部位，然后编辑部件名称、照片数目、相序、拍照位置等。

2）生成航线。根据变电站巡检需求，可设置按最短路径原则、按照部件点编辑顺序原则自动生成航线。

3）调整航点。根据航线安全性检测和航点间隔检测的结果，在软件内查看每个航点的拍摄角度和拍摄位置，对不符合要求的航点进行修改。

4）安全性检查。编辑完航线后，可基于软件对航线进行自动检测，航线要满足变电站巡检要求，确保无人机飞行安全。

5）导出巡检航线文件。为保证无人机航线文件在不同平台的通用性，航线任务文件采用统一格式，数据结构包含拍照点的经纬度、海拔、飞机航向、相机角度等信息。

6）现场校验。将航线文件导入具备实时动态（real-time kinematic，RTK）高精度定位无人机的飞行软件，一键起飞，实现全程自主巡检，从起飞、进入航线巡检到最后返航降落，对规划完成的航巡进行复飞校验。

3. 无人机巡检调度监控模块

巡检调度模块通过综合数据网实现与无人机机库的数据交互，将最优航线下发至机库，并接收无人机实时状态数据信息和巡检数据，实现巡检任务自主下发、无人机实时状态监控和巡检数据管理功能。

（1）巡检计划管理：巡检计划管理模块可编辑、删除、查询巡检计划，单条计划可绑定多个巡视任务，计划执行有立即执行与定期执行两种模式，其中定期执行模式可设置指定执行周期（如指定每周的星期一、三、五或每月执行一次等），并在计划执行时间进行确认提示，人工进行确认后开始依次执行计划中的巡视任务。

（2）巡检任务自主下发：无人机巡视调度功能模块可通过综合数据网将网格化航线规划功能模块生成的最优航线下达至机库，实现对无人机进行远程调度。

（3）飞行状态实时监控：无人机巡视过程中，机库内的主机将和推流服务器分别将无人机实时状态数据信息、图传和机库内外摄像头视频数据通过综合数据网传输至巡视调度功能系统平台，实现无人机的实时状态监控，展示机巢（机场）信息、气象信息、无人机当前任务实时执行情况及状态，云台摄像头的实时画面，可在三维模型实时展示巡视航线轨迹。

（4）巡视数据回传：无人机巡视拍照后，机库主机将巡视图片回传至巡视调度系统平台，系统平台可根据巡视图片定位信息关联设备 kml 文件对拍摄设备进行识别，将图片自动存储至设备对应的文件夹中，实现巡视数据管理。

（5）无人机及机库管理：无人机机库主要由无人机起降平台、无人机收纳装置、充/换电装置、气象监测装置、定制化地面站、联合定位基站、数据链模块、固定天线、通信系统、供电系统、控制系统等组成。无人机机库管理系统主要实现对各个机库终端的管理、调度、控制及数据传输等功能，具备接入各种不同类型机库的能力。

4. 数据处理

（1）台账关联：可自动同步电网管理平台与主网调度自动化系统台账，并提供台账关联功能，为变电巡视数据分析、变电数据融合分析提供台账数据基础，同时可上传查看设备 3D 模型文件。

（2）表计数据管理：实现变电巡视表计数据统计分析功能。可形成表计数据月度报表，具备报表导出功能；可查看表计的历史数据曲线，实现表计异常数据告警功能。

（3）缺陷、隐患识别：实现巡视照片与航线航点、变电设备的自动关联，将可见光巡视数据和红外巡视数据自动结合缺陷诊断库进行分析和判定，实现缺陷自动分类，并支持缺陷数据的审核、下载以及诊断库调整的功能。

第二节　设备状态监控平台

除一次设备外，电网需要大量的二次设备对各方面运行状态进行持续监测。二次设备返回的电网运行数据以及二次设备自身运行情况需要大量人力和时间进行分析和监视作业，如果不能有效地对各设备状态进行监控，就有可能使电力系统中的运行故障逐步积累，进而提高运行风险。

韶关供电局通过建设设备状态监控平台，在原有的二次设备监控信息化的基础上进行进一步的信息集成，为监控人员提供二次设备数据、环境数据、地理信息、设备信息的一体化综合展示平台，并能对监控、应急、维护、系统管理多方面操作提供入口，极大地降低了二次设备监控的作业负担，并通过信息的智能化整合处理增强了缺陷隐患的发现与解决能力。

一、平台架构

（一）总体架构

输变电监测设备采用不同厂家的设备，导致存在资源不共享、数据不通用等问题，无法形成对设备的完整全景图，难以发挥辅助诊断作用。设备状态监控平台的建立旨在对目前监测系统进行整合，集成设备状态相关数据，并开展数据深入分析应用。

韶关供电局输变电设备状态监测评价中心的总体架构如图 3-3 所示，包括数据源层、数据整合层和应用服务层。

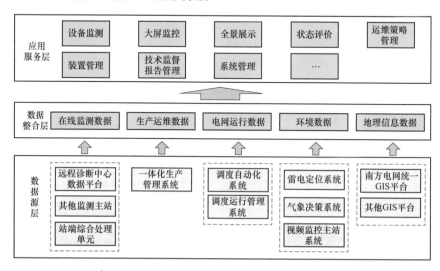

图 3-3　总体架构图

1. 数据源层

数据源层是地区级输变电设备状态监测评价中心的数据源头，包含能量管理系统（energy management system，EMS）、一体化生产管理系统、地理信息系统、省级主站数据平台、停电管理系统（outage management system，OMS）、雷电定位系统、"6+1"系统等。本系统将通过 ETL、WebService、数据文件共享等方式与上述各系统集成，实现数据共享、业务贯通等不同的集成应用目标。

2. 数据整合层

系统通过数据接口服务实现输变电设备在线监测实时数据的接入，实现调度、生产、地理信息、气象、视频监控等基础数据、实时数据、业务数据的同步与集成。根据数据的特性，在逻辑上划分为业务数据和实时数据，所有与设备相关的离线数据和实时数据都存储至地区级输变电设备状态监测评价中心。同时，利用数据质量的智能修复技术，对数据进行筛查、转换和数据质量的智能修复。

3. 应用服务层

该层在设备状态数据整合的基础上，为用户提供实时监控和高级分析等应用服务，并通过 GIS、一次接线图、线路走势图、大屏等可视化技术进行展示，实现电网、设备的监控与管理功能，实现设备状态评价、风险评估等业务的优化提升。系统在应用服务层采用"模块化设计、分阶段实施"的建设思路。

（二）系统结构

韶关供电局输变电设备状态监测评价中心硬件基础设施建设，要完成数据集成、设备监测、装置管理、全景展示、大屏监控、状态评价、运维策略管理及技术监督报告表管理等功能的开发与实施。系统结构拓扑图如图3-4所示。

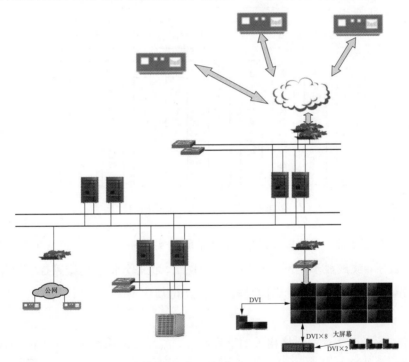

图 3-4　系统结构拓扑图

（1）韶关供电局输变电设备状态监测评价中心系统通过综合数据网与韶关供电局调度自动化机房、远程诊断中心系统以及省公司设备状态中心系统进行连接，采用 2 台防火墙一主一备进行网络安全防护。

（2）韶关供电局输变电设备状态监测评价中心系统采用数字光处理技术

（digital light processing，DLP）大屏进行可视化展示，大屏与系统之间采用防火墙进行网络安全防护。

（3）应急互动相关信息的上传下达采用公网进行传输，采用防火墙进行网络安装防护。

（三）系统功能结构

按部署的应用功能划分，主要包括全景展示、应急体系、日常管控、应急指挥等功能，地市级基本功能架构如图 3-5 所示。

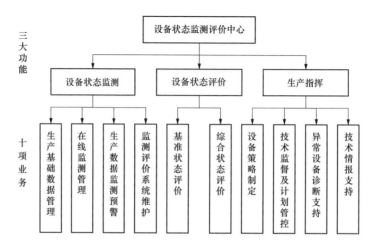

图 3-5 地市级基本功能架构图

（1）全景展示：以地理信息系统为基础，实现对韶关电网、变电站及设备的多维展示，集成显示电网及设备的运行现状、状态分析及运维管控等级结果、设备及装置的运行维护指标等数据，并借助可视化手段，采用图表等方式展示数据。

（2）应急体系：主要将相关的管理制度、流程融入系统中，实现闭环管理。

（3）日常管控：将调度自动化系统、生产管理系统与监控中心系统相连，并制定相应的管理策略，实现通过调度系统对班组日常作业信息、施工现场作业信息（例如重要设备停电情况、高风险作业情况）进行管控，为相关部门制定相应的监督工作提供数据支持。通过系统实现现场作业过程（作业人员信息、天气、视频、移动终端互动等）管控。

（4）应急指挥：在电力突发事件的事前预防、事发应对、事中处置和事后管理过程中建立必要的应对机制。

二、功能模块

（一）数据接入

数据接入主要实现与本系统功能有关的各类数据的接入，包括在线监测数据、生产数据、调度数据、GIS 地理新数据、"6＋1"系统、气象数据和雷电定位系统数据的接入。

1. 在线监测数据的接入

实现韶关供电局已有主变压器绝缘油在线监测、GIS 局部放电在线监测、主变压器局部放电在线监测、主变压器铁芯电流在线监测、避雷器在线监测、容性设备在线监测等设备在线监测数据的接入集成。

主要接入的数据包括：

（1）监测装置数据。包含监测装置标识、监测装置名称、监测装置厂家、监测装置型号、监测装置编号、监测装置出厂日期、监测装置投产日期、监测装置类型、单位代码、变电站编号、运行状态等信息。

（2）监测装置与被监测设备对应信息。包含监测装置标识、被监测设备标识、监测结论等信息。

（3）告警信息。包含记录标识号、单位代码、所属设备、监测装置、告警时间、告警级别、告警次数、告警消息、原始数据、是否处理、备注等信息。

2. 生产数据接入

生产数据主要来自于一体化生产系统的设备运行维护相关的数据，包括设备台账信息、巡检信息、缺陷信息及试验信息。

（1）设备台账信息：设备名称、设备编码、运行编号、所属市局名称、所属市局编码、变电站名称、所属间隔单元名称、运行状态、双重命名、生产厂家名称、资产性质、资产单位名称、资产单位编码、电压等级、相数、相别、额定电压、额定电流、额定频率、设备型号、出厂编号、产品代号、制造国家、出厂日期、投运日期。

（2）巡检信息：输电线路及变压器巡检数据，为便于数据的分析与处理，巡检数据应为规范化、标准化数据格式。

（3）缺陷信息：包括缺陷设备、缺陷类型、缺陷发生时间、消缺时间、处理措施等数据。

（4）试验信息：主要包括变压器油色谱试验、铁芯接地电流试验、局部放电试验、绝缘油试验、绕组绝缘电阻试验、绕组介质损耗电容量试验、铁芯绝缘电阻试验等项目。

3. 调度数据接入

调度数据接入主要包括线路电流/电压、母线电压、主变压器油温、环境参数等遥测量，以及断路器位置、隔离开关位置等遥信量。按照相关网络安全规定，调度实时系统位于安全优先级最高的防护Ⅰ区（控制区），其数据映像存放于防护Ⅲ区（管理区/信息区）内的 SCADA Web 服务器上。可以通过Ⅲ区的综合数据网，利用 SCADA Web 服务器上提供的数据服务，实现电网运行工况数据的接入。

4. 气象数据接入

根据目前气象系统具备的数据，接入调控中心气象信息系统的数据，包括气象实时数据、预报数据、预警数据和气象统计数据。

（1）气象实时数据包括天气状况、最高温度、最低温度、平均温度、最大风速、最小风速、平均风速、风向、风力、平均气压、最大湿度、最小湿度、平均湿度、最大雨量、最小雨量、平均雨量，可按照不同的监测地区进行预报。

（2）气象预报数据包括韶关各地区未来 1、12、24h 的气象预报数据，预报数据的项目与实时数据一致。

（3）气象预警信息包括灰霾预警信号、火险预警信号、冰雹/雷电/干旱预警信号、大雾预警信号、大风预警信号、寒冷预警信号、高温预警信号、暴雨预警信号、台风预警信号。

（4）气象统计信息包括降雨量、温度、湿度、灾害天气情况等各类气象情况的历史统计数据。

5. 雷电数据接入

雷电定位系统应为系统集成提供落雷监测信息和避雷器动作信息。落雷监测信息包括落雷时间、维度、经度、电流、回击等数据，避雷器动作信息包括避雷器动作电流、运行状态、动作次数、动作时间等数据。

6. GIS 地理信息接入

GIS 地理信息系统包含南方电网范围的地理、行政及电网基础数据，需集成接入的信息主要包括行政地图信息和电网基础信息。

（1）行政地图信息：省/地市/县的界线和面图层，省/地市/县/乡/镇/村政府驻地点图层，国道、省道、县道、高速公路、铁路、高速铁路、山脉等线图层数据，居民地、开阔土地、主干河流、沙漠、湖泊等面图层数据，另外还有乡、镇、村等图层数据、等高线。

（2）电网基础信息：线路数据（电压等级、名称、管辖单位、长度、起始杆号、导线型号、地线型号）、杆塔数据（线路名称、杆塔号、产权性质、生产厂家、出厂编号、出厂年月、投运日期、运行状态、电压等级、维护班组、杆塔材质、杆塔型号、杆塔类型、直线/耐张、呼称高、杆塔全高、经度、纬度、海拔、地形地貌、小号侧档距、水平转角_度数、水平转角_方向、导线排列方式）、变电站数据［名称、电压等级、全球定位系统（global positioning system，GPS）坐标］。

7. 接入管理

主站系统具备接入监控功能和接入异常处理功能，实现数据接入可视、可控，并对接入异常情况进行统计分析，为设备状态监测集成平台维护提供基础。

接入异常处理功能主要包括：

（1）对于接入源业务系统运行异常情况，在异常情况恢复后，提供补录机制，保证数据不丢失。

（2）提供接入异常信息的查询、统计等功能。

（3）统计功能等。

8. 数据处理

数据处理指为满足应用的需要，对接入主站系统的数据进行二次处理，包含数据的二次加工和统一建模。

（1）二次加工：对在线监测数据进行异常值监测、汇总计算、状态提取等操作。

（2）统一建模：实现在线监测数据、生产数据与调度数据之间的统一建模，包含映射关系建立、修改、删除等功能。

（二）数据质量管理

进行数据质量管理，确保数据的完整、准确、可用。同时，开展不同系统中数据的提取融合工作，做到设备数据多维度融合。

数据管理具备以下四个方面的功能：

（1）在数据管理方面，将设备全生命周期的各类存量数据、图档数据等纳入数据管理体系，实现设备全生命周期数据的录入，并在数据录入过程中支持自动校验以确保数据质量。

（2）在数据接入方面，将实现韶关供电局生产管理系统、调度 EMS、在线监测管理系统、韶关 135 现场作业管理平台、变电站视频监控系统、输电视频监控系统、输电在线系统、无人机系统、机器人系统数据的接入和管理。

（3）在数据导出方面，为实现数据的共享和价值挖掘，需开展数据服务功能建设，本系统作为数据源系统，为外部系统提供数据服务，包括数据的规范化接口提供、数据订阅查询、结果查询和统计等功能。

（4）在数据应用方面，实现在线监测数据趋势分析、告警提示、缺陷数据的趋势分析、关联分析、试验数据的曲线分析、试验参数的横比分析、纵比分析，并集成数据洞察平台，实现不同数据类型的融合展示等。

（三）在线监测管理

在线监测管理，主要通过建设和维护在线监测装置，确保覆盖率、在线率、可用率，提高在线监测装置的应用水平。主要提供监测装置管理、监测数据管理、告警数据管理等在线监测管理功能，所有在线监测数据通过省级评价中心回传，在线数据的展示和应用在韶关输变电设备状态监测评价中心系统中实现。

（四）生产数据监测预警

生产数据监测预警，主要对设备多维度数据进行监测，并利用各种预警规则进行预警。可以对气象环境、巡视信息、在线数据、离线数据、带电检测数据、运行工况、设备关键信息、视频监控信息等数据进行全方位监测，并采用阈值预警、趋势预警和关联预警等多种监测预警手段，构成综合监测预警模式，对设备进行预警。

（五）基准状态评价

设备状态评价工作已经常态化开展，并在"6＋1"系统中有相应的模块进行数据流转。但是，整个设备状态评价流程有 6 个节点无法在系统中进行自动流转，需要人工对数据进行导出、梳理、填写、汇总、导入等多项工作。数据在流转时没有统一格式，需要进行数据对应及翻译，造成工作繁重且效率低下。具体如图 3-6 所示。

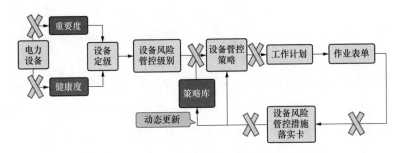

图 3-6　评价流程示意图

应用设备状态监测评价系统，完成设备基准状态评价流程各节点数据的信息化流转，主要以电网风险通知书、设备风险通知书、新投运设备或设备 A 修、技术改造后、电网公司发布批次缺陷后等 8 个启动条件触发设备的基准状态评价。

设备基准状态评价管理主要包括评价任务的发起、根据南方电网导则自动扣分、基准评价的人工干预、基准评价的流程审批、评价报告生成、评价结果统计展示等功能。

（六）综合状态评价

在设备基准状态评价结果的基础上，针对需要进一步综合分析其状态的设备，结合设备多维数据分析，组织专业人员进行设备综合状态评价工作，提高设备状态评价结果的准确性。同时，通过进行基于设备制造、设备多维数据的深度挖掘等工作，从不同侧重点探索提高设备综合状态评价准确性的途径。

（七）设备策略制定

设备运维策略包含设备基准运维策略管理和运维策略库管理。

（1）设备基准运维策略管理指的是设备年度基准运维策略管理业务。年度基准运维策略指的是根据设备上一年度（半年或者年终）的状态评价结果以及设备的重要度，根据运维矩阵，确定设备年度基准运维等级及其运维策略的过程，包括编制年度基准运维策略、审批等过程。

（2）运维策略库指设备的运维策略导则，导则规范了不同设备在各个等级的运维策略下的具体措施、措施的周期及触发条件等因素。

（八）技术监督及计划管控

以目标为导向，全面深化日常监督；聚焦突出问题，开展专项监督；实现生产项目投资规划、项目可行性研究、规划设计、技术规范、物资采购、工程建设、竣工验收、运行维护、退运报废等全过程技术监督，保证设备综合策略刚性执行。

设备策略正式发布后，地市级中心督促各有关部门根据策略制定相应的工作计划，并根据设备策略及相应的工作计划制定技术监督工作计划，经地市级生产设备管理部审核后，组织技术监督专家开展技术监督工作，并对技术监督工作结果进行汇总整理，完成对设备策略执行过程的全过程管控，确保设备策略在执行过程中无偏差。

（九）异常设备诊断支持

异常设备诊断支持，根据作业现状，主要集中在以下业务问题的解决和辅助上：

（1）现场作业人员需要报送信息时手段单一。

（2）所需传递的有关设备可能存在异常及诊断过程的信息无法多人共享。

（3）现场作业人员缺乏数据支持。

因此，异常设备诊断支持实现的功能主要聚焦于上述问题，通过移动端软件（优先考虑现有移动端平台）实现：

（1）一键发送异常设备的异常情况及其相关信息到特定的用户群。

（2）实现多人会话，处理和沟通设备异常诊断。

（3）利用移动端软件（优先考虑现有移动端平台），快速获取设备多维度信息。

（十）驾驶舱

驾驶舱是融合系统上述各项业务功能的结果，实现对韶关电网、设备、生产资源的管控和监督。驾驶舱包括大屏幕、PC 工作站和移动终端等不同载体的软件系统。从展示内容方面划分，包括监视中心、评价中心和指挥中心，实现对设备及电网状态的实时监视，对状态评价指标、运维指标的监控、趋势分析和多维度展示以及生产资源监控、指挥。

（1）在监测指标方面，驾驶舱主要包含以下6类指标：资产类指标、生产技术类指标、设备预警指标、设备健康状态指标、设备策略执行指标、技术监督计划指标。

1）资产类指标：主要体现主设备规模情况，例如变电站数量、变压器容量等。

2）生产技术类指标：主要体现生产设备运行情况，例如设备缺陷率、设备消缺率等。

3）设备预警指标：主要体现设备运行状态情况，例如设备告警数量、设备告警类型等。

4）设备健康状态指标：主要体现设备状态评价结果概况，例如管控级别、健康度、重要度等。

5）设备策略执行指标：主要体现各相关部门依据设备策略制定相应工作计划的情况，例如工作计划数量、策略执行率等。

6）技术监督计划指标：主要体现工作计划和技术监督工作的完成情况，例如工作计划完成率、技术监督工作执行率等。

（2）在驾驶舱软件形式方面，需要涵盖大屏幕、工作站和移动终端。

1）监控大厅（大屏）：通过大屏动态切换或者大屏拼接的方式演示简短视频、展示综合场景，供会议或者汇报使用，同时也可以设置若干主题供监控人员使用。展示内容需要能适应多种分辨率的大屏，包括中央区域大屏、两侧区域大屏以及入口区域大屏。

2）办公室（中屏）：结合多点触摸技术，通过中屏（管理者办公室、会议室）展示驾驶舱及省公司系统指标，供管理者直观方便地查看各级指标或者进行详细数据查询，也可以发起异常工单。

3）工作站（小屏）：通过多个工作站展示不同屏幕信息，一屏展示省级评价中心，用以录入数据、处理监视告警、开展基准评价、制定运维策略；另一屏展示韶关供电局系统，用于处理综合评价、生成和优化生成计划。

（十一）应急体系

从应急指挥系统接入应急体系流数据，对应急队伍管理、应急培训管理、应急装备管理、应急演练管理、应急预案管理、应急联动管理的进度、完成情况进行监控及展示，并进行预警及超期提醒，同时还要将相关管理制度、流程融入系统中，实现闭环管理，如图3-7所示。

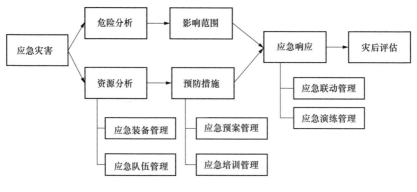

图 3-7　应急体系图

1. 应急资源管理

（1）图形资源浏览：基于地图展示电网设备的布设情况，涵盖输、变、配电的设备，以图形化手段展现设备资源的地理位置和线路走向，支持地图缩放、平移，一步到位浏览设备，通过控制图层来查看2D地图、影像图、输电设备、变电站设备和配电设备，提供便捷的操作、优化简洁的界面，提升用户愉悦度。

（2）设备、装备、队伍、物资搜索：支持关键字搜索、周边搜索和综合条件搜索。

（3）关键字搜索：通过输入关键字快速检索目标设备。

（4）周边搜索：以当前或指定设备的位置为中心点，检索指定区域的设备、物资、装备、专家、队伍分布情况。

（5）综合条件搜索：以设备属性作为条件，如所属区局、类型，快速检索目标。

2. 应急预警及响应

应急指挥中心预警信息直观展示，预警情况一目了然。通过应急指挥平台快速发布预警信息，并实现向全员发布。经领导审批同意发布的预警信息可向相关部门进行发布。通知内容主要包括预警名称、预警状态、预警级别、下达单位、下达目标、下达时间等。

确定响应等级后启动应急响应，统一以文件、传真、电话、短信、群组、公共账号、应用提醒等形式发布应急启动，进行高效全面的启动通告。

上报：通过群组向公司领导及政府报送应急响应相关信息。

下达：瞬间将应急响应启动通知到各地市局，并高效反馈就位信息。

（1）应急人员随时标示并发送地理位置信息、拍摄工作照片、即时共享工作信息，指挥中心全面了解各个应急人员响应情况。

（2）通过多平台信息的接收与传达，实现应急指挥中心内部、应急指挥中心与现场工作组的即时通信、定期报告等功能，实现信息的共享、提高及时性。

（3）现场人员在现场勘查受灾情况，可对受灾的设备进行标识，系统自动根据标识的设备，按要求统计设备受损情况，形成统计报表，并可方便查阅最近一次设备受损情况上报的时间和内容，方便现场灾情的收集与汇报。

（4）现场人员可通过查看附近的设备，批量地对受灾的设备进行标识，更加便捷、快速地实现对受灾设备的收集与汇总。

（5）现场人员还可以通过地图框选的方式，框选出受灾设备，进行批量标注，更加便捷、快速地实现对受灾设备的收集与汇总。

（6）通过查看设备受损情况，自动汇总统计受损设备，在完成确认后，直接报送给相关人员查阅，实现设备受损情况的及时报送。

（7）可查看设备受损情况统计表，按报表格式进行展现和统计。

（十二）日常管控

日常管控将调度自动化系统、生产管理系统与监控中心系统相连，并制定相应的管理策略，实现在监控中心能对班组日常作业信息、施工现场作业信息（例如重要设备停电情况、高风险作业情况）进行管控，为相关部门制定相应的监督工作提供数据支持。通过系统，实现现场作业过程（作业人员信息、天气、视频、移动终端互动等）管控。

（1）班组作业信息。包括Ⅰ级、Ⅱ级、Ⅲ级、Ⅳ级设备停电统计分析和特高风险、高风险、中风险、低风险作业评估汇总。

（2）外单位施工作业信息。包括外单位施工作业统计和外单位施工作业风险评估汇总。

（3）现场作业信息管控。通过视频监控信息（变电站现场视频、位置信息、作业人员信息、作业现场视频、现场天气）对作业现场进行管控。

（4）现场连线互动。通过移动终端进行连线互动，了解现场实际工作情况。

第三节　智能运维技术

机巡作业平台和设备状态监控平台的建设，为智能运维提供了有力的技术后台支撑。为了更好推动现场运维工作的开展，韶关供电局积极开发和运用先进智能技术，结合业务实际需求，实现全方位的智能化运用。

一、变电站作业风险管控平台

随着电网规模的发展，电网运行维护的工作日益复杂。变电站巡视检修作业是维护电网安全稳定运行的重要一环，具有工作任务重、作业风险高、安全监管难等特点。现有的变电作业安全监控中应用的技术手段基本以人工或视频监督以及事后分析为主，使得安全监管工作存在作业风险不能实时评估以及预警能力不足的问题，对管理流程和管理措施的支持力度不足。

为解决作业人员定位、作业行为监督、作业风险识别三大问题，韶关供电局以芙蓉变电站为主要试点单位，开展北斗高精度定位、人工智能图像识别、三位高精度建模等先进技术在变电作业安全管控上的应用和研究，并最终形成一套设备、技术、系统三位一体的智能安全管控平台。

（一）主要内容

1. 北斗地基增强系统

（1）北斗地基增强系统简介：连续运行卫星定位服务综合系统（continuously operating reference stations，CORS）即北斗地基增强系统。该系统由一个或若干个固定的、连续运行的参考站构成，参考站之间利用计算机、数据通信和互联网技术组成网络，并实时向用户提供经过检验的北斗观测值（载波相位、伪距）、各种改正数、状态信息等。与传统的北斗系统作业相比，该系统具有作用范围广、精度高、野外单机作业等众多优点。

（2）系统设计：面向韶关电网的北斗地基增强系统主要由基准站、系统控制与数据中心、数据通信网络和网络 RTK 和差分全球定位系统（differential global position system，DGPS）服务平台综合构成。其中，基准站是基础硬件单位，负责目标地点的定位数据采集；系统控制与数据中心负责管理各参考站的运行，并实现数据入库和分流；数据通信网络负责实现参考站与数据中心、数据中心与用户之间的数据传输；网络 RTK 和 DGPS 服务平台则负责通过互联网或通信网络向韶关地区的用户提供定位服务。

根据韶关地区特征和定位需求，已完成 15 座基准站以及数据中心、数据通信网络、网络 RTK 和 DGPS 服务平台的建设，并有能力向大部分地区的用户提供实时厘米级定位服务。韶关电网北斗地基增强系统网型图如图 3-8 所示。

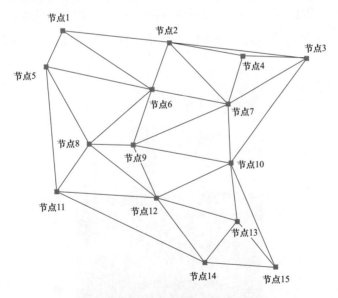

图 3-8　韶关电网北斗地基增强系统网型图

2. 基于北斗地基增强的智能工器具及电力设施

（1）智能定位安全帽。智能定位安全帽是实现作业人员与安全管控平台联动的主要设备，如图 3-9 所示。除原有的人员保护作用外，该设备主要用于实现作业人员实时定位数据的采集和上传，并为其他智能作业功能模块提供搭载平台。该设备现有部分功能描述如下。

1）通信模块：可通过 5G/4G、Wi-Fi、蓝牙、NB-IOT、LORA、ZigBee 等
模式实现安全帽之间、安全帽和监控平台之间的信息交互。

图 3-9　智能安全帽

2）定位模块：可基于北斗定位技术实现实时定位，室外走位水平方向不超过 1m，高程方向误差不超过 2m，总体定位精度可达到分米级，并支持安全帽行动轨迹记录。

3）摄像、拍照、语音：安全帽可通过后台下发指令、用户按键或语音进行摄像、拍照或音频采集，采集数据可被本地存储和实时上传。

（2）沉降监测装置。沉降监测装置（见图 3-10）通过北斗系统获取定位数据并对数据进行处理，以实现对变电站基础沉降情况的持续监测。沉降监测装置可支持 30 天以上的数据循环存储，具备远程维护功能，具备长时间连续工作能力。

图 3-10　地基沉降监测设备

3. 视频图像基准样本库建设及智能识别模型研发

基于视频图像样本库，韶关供电局开展了面向变电站典型作业行为的智能识别算法模型的研究与开发。已实现针对作业人员属性（包括安全帽、工作服、绝缘手套、绝缘靴 4 类关键目标）的同步检测，支持作业人员规范化着装监测，提高现场安全系数。其效果如图 3-11 所示。

图 3-11　作业人员目标属性检测（着装规范性检测）

此外，开展了针对典型作业行为识别模型的训练、测试与调优。已实现包括跨栏、验电操作、挂接地线等典型违章或非违章行为的智能识别，其效果如图 3-12、图 3-13 所示。

图 3-12　验电操作识别

图 3-13 违规跨栏识别

4. 变电站作业风险智能管控

传统视频监控应用中，视频监控系统依赖监控人员手动调度并对关键目标进行人为跟踪和监控，易造成监控场景无法兼顾、监控疏漏等问题，视频数据的利用率和应用效果并不理想。

为提升视频监控系统的智能化、数字化水平，并使其更加契合变电站作业风险管控平台的整体建设需求，对韶关供电局视频监控应用做出两个方面的改进：

（1）监控终端优化。根据对变电站典型作业场景覆盖率的要求，通过现场勘查和调研，制定了 220kV 芙蓉变电站视频监控终端优化布局方案，已完成 4 套枪球一体化终端的基础布线施工和立杆安装工作。

（2）监控功能研发。基于枪球一体化监控终端，针对主要监控需求研发了多枪一球联动监控、全景动态视频拼接、现场动态目标跟踪、虚拟围栏设置与告警等 4 项高级功能。

多枪一球联动监控功能可允许用户通过在枪机视野中点击某一位置，使球机焦点自动调整并对准放大枪机相应区域，也可通过框选球机方位，对目标区域放大查看。具体效果如图 3-14 所示。

全景动态视频拼接功能可实时获取 4 个枪机的监控数据，并通过全景拼接技术，进行 360°范围内的作业情况监控。

动态目标实时跟踪功能利用枪机的目标检测功能和球机的细节捕捉功能，

当枪机捕捉到运动目标时，即可通过高亮显示，同时调动球机对目标进行跟踪拍摄和细节捕获，并实现目标跨枪机视野时的持续跟踪。具体效果如图3-15所示。

图3-14 多枪一球联动监控效果图

图3-15 动态目标实时跟踪效果图

虚拟围栏设置与告警功能支持在变电站平面图上进行虚拟围栏的设置，并自动映射到视频空间中建立视频虚拟围栏。根据视频虚拟围栏，系统可自动、及时发现非法闯入围栏区域的工作人员并进行告警。具体效果如图 3-16 所示。

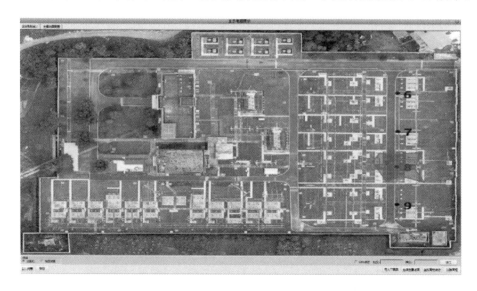

图 3-16　虚拟围栏设置与告警功能效果图

5. 变电站全景数字化建模

为进一步提升现场作业风险管控的效果，韶关供电局融合数字化建模、高精度定位、智能化监控等技术，构建变电站全景三维数字化模型（见图 3-17），为高精定位和智能监控提供可视化环境和统一映射空间。

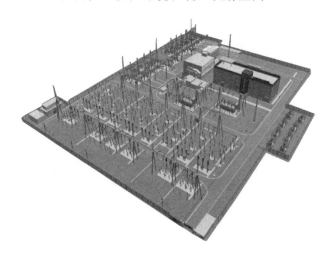

图 3-17　变电站全景三维数字化建模效果图

　　基于变电站全景三维数字化模型，可视化系统支持变电设备台账及运行状态信息的接入，并将北斗高精度定位数据、视频监控数据与设备模型信息建立数字化映射，从而支持虚拟化电子围栏设置、设备安全距离准确判断、视频监控数据超媒体展示等应用功能的实现，提升定位、监控数据在风险管控中的应用成效。设备及其相关状态信息在三维数字化平台中的展示效果如图3-18所示。

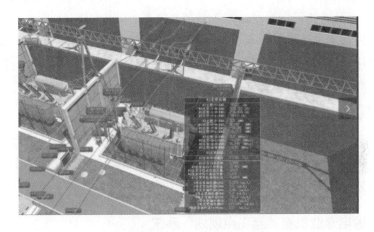

图 3-18　设备信息在三维数字化平台中的展示效果

　　同时将视频监控数据映射到三维数字化平台中，实现视频图像数据在三维空间中的超媒体展示，如图3-19所示。

图 3-19　视频监控数据在三维空间中的超媒体展示效果

（二）应用成果

1. 提升业务数字化水平，提供精准管控能力

研制智能安全帽、移动式定位终端、地基沉降监测设施，实现分米（±3dm）/厘米级（±5cm）全程精确定位、毫米级（±10mm）杆塔形变监测，结合变电站数字化建模的融合应用，支持全天候、无盲区导航定位、位置监控服务。

2. 打造智能化管控能力，提高数据应用效率

通过构建变电站典型作业场景、作业行为视频图像基准样本库，已累积原始及标注样本量 889GB，形成 4 类关键目标检测、4 类典型作业行为智能模型并应用，提高了视频监控数据的应用效率和作业管控的智能化水平。

3. 利用多类型技术融合，降低人员作业风险

融合高精度定位、数字化建模、计算机视觉等技术手段，打造包括视频定位联动、视频虚拟围栏、动态目标跟踪等 5 项应用能力，提高现场作业实时监控及风险分析判断能力，降低人员现场作业风险。

二、输电专业机巡"起飞点规划"系统

（一）背景介绍

韶关地区地形特征以山区为主，中压配电网架空线路受地形地貌、线路走势、树障隐患等因素影响，具有主线短、支线多的特点。倾斜摄影建模受文件大小限制，通常按主线、支线分段进行线路三维建模，省机巡中心提供的配电网三维航线规划系统无法根据实际巡视需要进行组合自由航线。

实际巡视往往需要对一定区域中多个配电网线路或点位进行机巡作业，如果一次作业只能对单条线路开展或需要手工整合多条航线数据形成机巡计划，势必会降低机巡作业效率，增加机巡人员工作量。根据现场巡视需要，韶关供电局与局集体企业韶关市理工商业网络通信有限公司合作，开发了"起飞点规划"系统。该系统按照无人机的飞行速度、飞行时间并结合地形地貌、交叉跨越、树障隐患等因素，以"起飞点"为中心，开展一定区域内所有线路巡视航线的智能规划，实现线路巡视由"线段式"巡视向"片区式"巡视转变。

（二）功能介绍

（1）应用高精度地图，导入碎片化的通道巡视航线文件，如图 3-20 所示。

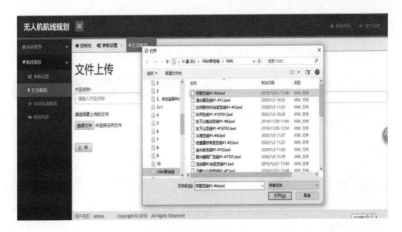

图 3-20　碎片化航线上传

（2）结合地形地貌规划线路合适的巡视起飞点，如图 3-21 所示。

图 3-21　起飞点及航线智能规划

（3）主动预警交叉跨越、树障隐患点，采用人工确认方法，修改航线行高，规避飞行风险。

（4）结合无人机的巡视半径，实现巡视片区内的"线段式"航线智能组合并生成"片区式"巡视航线。航线下载界面如图 3-22 所示。

三、变电站无人机智慧机巢

（一）整体介绍

为了无人机能在变电站长时间可靠、安全、自主巡视，研发无人机智慧机巢（见图 3-23）。无人机智慧机巢是保障无人机自动运行的基础设施，为无人机提供恒温湿的存放空间、起降场地、电池自动更换等功能。

图 3-22 航线下载界面

图 3-23 无人机智慧机巢外观

无人机机巢采用先进的 AR-tag 降落引导系统、抓取机构和机械臂系统，可实现无人机的精准降落、快速更换电池等功能。同时，具有独立的环境监测系统自动判断起飞条件，为无人机安全巡视提供保障。

（二）功能介绍

（1）机巢可为无人机提供快速更换电池功能（见图 3-24），同时支持 4 块无人机电池充电，基于抓取机构和机械臂系统，可实现电池快速更换，提高巡视效率。

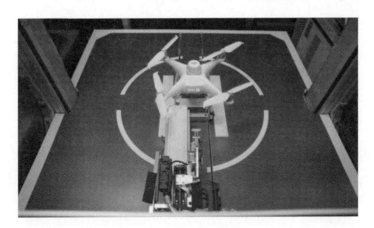

图 3-24　基于机械臂自动更换电池

（2）机巢精准降落引导系统（见图 3-25）包括基于 AR-tag 的无人机飞行降落引导系统和基于 RTK 精准定位功能，双重保障使无人机即使在无 GPS 网络覆盖的情况下也能精准着陆，降落误差半径限制在 10cm 以内。

图 3-25　机巢精准降落引导系统

（3）机巢气象监测系统（见图 3-26）接入变电站微气象监测数据，作为无人机起飞条件气象数据判断标准。同时，机巢内置服务器可从互联网获取作业覆盖范围内的实时分钟级气象数据。两者结合，可动态调整飞行计划，在恶劣气候条件下及时暂停起飞或者召回空中无人机。

图 3-26 机巢气象监测系统

（4）机巢内置增强射频系统（见图 3-27），其采用高增益双极化全向天线组配合带自动跟踪云台的高增益栅格定向天线来保障无人机与机巢在各个相对位置都能保持稳定的通信质量。

图 3-27 机巢内置增强射频系统

四、简易室内巡检装置

（一）功能特点

简易室内巡检装置如图 3-28 所示。

现阶段室内开关柜主要采用人工巡检的作业方式，存在成本高、工作效率低、巡检质量不稳定的问题，故设计了一款按预定轨道行驶的自动简易室内巡检装置。通过开展无人小车、黑白线循迹、状态指示灯智能识别的研究，搭载摄像头识别指示灯上 AprilTag 标签识别定位指示灯位置，完成设备指示灯状态的自动巡检，建立基于智能无人小车巡检的设备指示灯状态识别监测设备。效果现场实测图片如图 3-29 所示。为变电站室内巡检场景提供了安全、智能、可靠的无人化作业方案。

图 3-28　简易室内巡检装置

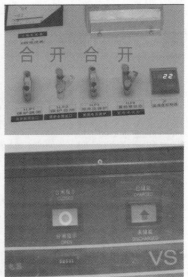

图 3-29　效果现场实测图片

（二）应用场景

简易室内巡检装置可以智能识别开关柜状态指示灯，根据任务进行自动巡检。该装置可以广泛应用于室内开关柜及主控室柜状态指示灯的识别，也可以用于连接片状态的识别。该简易室内巡检装置体型较小、价格实惠又具有自动巡视功能，且可以自主监测设备的状态指示灯，以及记录设备状态指示灯的历史状态等，可以替代大量人工日常巡检工作、迅速发现故障、降低人工巡检的危险性。

（三）应用成效

变电站室内无人巡检小车已经在220kV樱花站的高压室、继保室分别进行了380、260h的运行和测试，在220kV芙蓉站的高压室、继保室分别进行了420、230h的运行和测试，有效替代人工开展现场巡视，测试减少人员巡视时间96个工时。

经过实际应用和第三方功能测试，小车循迹路线准确，指示灯状态识别准确率高，现场巡检数据都能够回传到生产监控指挥中心，对变电站设备起到很好的监测作用，并且成本低廉、性价比高、利于推广，不仅可用于指示灯状态识别，还可用于主控室保护连接片状态识别和机房屏柜外观等实时监测。

第四节　智能平台设立标准

智能平台为巡检业务提供集成化、标准化、智能化的机巡后台支持，智能平台的建设需要结合自身业务和管理水平情况，才能发挥其最大效用。韶关供电局根据多年运营的经验，总结归纳智能平台设立标准如下。

一、技术应用标准

（一）输电业务

1. 图像视频监测

（1）配置门槛：重要线路交叉跨越、35kV及以上线路固定施工黑点、三跨两邻近隐患区段图像视频监测覆盖率100%；关键重要线路、三级及以上山火风险隐患点的图像视频监测覆盖率100%。

（2）应用门槛：图像视频监测在线率大于等于95%。

2. 覆冰监测

（1）配置门槛：中、重覆冰风险区域线路覆冰监测覆盖率100%。

（2）应用门槛：覆冰监测在线率大于等于95%。

3. 线路故障定位

（1）配置门槛：220kV 及以上跨局线路、500kV 线路精确故障定位覆盖率 100%。

（2）应用门槛：分布式故障定位装置在线率大于等于 95%。

4. 运检分离

（1）配置门槛：实现运检分离。

（2）应用门槛：运检分离模式有效运转 3 个月以上。

5. 多旋翼无人机

（1）配置门槛：35kV 及以上架空线路三维数字化通道建设覆盖率 100%；精细化自动巡检航线覆盖率 100%。

（2）应用门槛：35kV 及以上非禁飞区线路的无人机自动巡检覆盖率 100%。

（二）变电业务

1. 主变压器油色谱在线监测装置

（1）配置门槛：关键重要变电站主变压器全覆盖。

（2）应用门槛：已安装站点省级主站接入率 100%，在线率大于等于 95%。

2. GIS 局部放电在线监测装置

（1）配置门槛：关键重要变电站（具备安装条件的）GIS 设备全覆盖。

（2）应用门槛：已安装站点省级主站接入率 100%，在线率大于等于 95%。

3. 利用调度运行数据开展监测分析及状态评价

（1）配置门槛：实现 35～500kV 电压互感器二次电压监测；实现变压器油温、绕组温度监测；实现 10kV 电容器组三相不平衡电流监测。

（2）应用门槛：对以上 3 类数据实现在生产指挥平台的集中分析及管理。

4. 变电站视频监控系统

（1）配置门槛：220kV 及以上站点全部接入省级主站，110kV 及以下站点全部接入地市级主站。

（2）应用门槛：视频可用率大于等于 95%。

5. 无人机应用

（1）配置门槛：完成 3 个巡维中心的无人机巡视智能化改造。

（2）应用门槛：巡视智能化改造的变电站无人机巡视覆盖率 100%。

（三）配电业务

1. 防雷、防冰监测

（1）配置门槛：雷电、台风、覆冰监控全覆盖；一、二类风区微气象监测全覆盖；中、重冰区覆冰监测全覆盖。

（2）应用门槛：监测点接入率100%，在线率大于等于95%。

2. 运检分离

（1）配置门槛：实现运检分离。

（2）应用门槛：运检分离模式有效运转3个月以上。

3. 多旋翼无人机

（1）配置门槛：辖区非禁飞区10kV架空线路三维建模覆盖率100%；精细化自动巡检航线覆盖率100%。

（2）应用门槛：辖区非禁飞区10kV架空线路的无人机自动巡检覆盖率100%。

4. 配电自动化

（1）配置门槛：终端信号上送完整率100%，定值整定完整率100%。

（2）应用门槛：终端遥信遥测数据准确率大于等于95%，定值执行率100%，终端在线率大于等于95%，遥控成功率大于等于90%。

二、劳动组织标准

（一）输电业务

（1）具备无人机自动驾驶技能飞手大于等于3人。

（2）具备"输电三种人"资格、通过调度间接许可人授令员考试的人员大于等于2人。

（3）工作时段内专职开展视频监控的人员大于等于1人，专职开展机巡作业的人员大于等于5人，开展机巡数据分析的人员大于等于1人，专职开展间接许可的人员大于等于1人。

（二）变电业务

（1）变电业务人员需具备3年及以上变电相关专业工作经验，具备高级作业员及以上岗位胜任能力、助理工程师及以上职称。

（2）具备"变电三种人"资格人员大于等于3人，高压试验人员大于等于

1 人，化学试验人员大于等于 1 人，运行人员大于等于 3 人。

（3）工作时段专职开展在线监测监控的人员大于等于 1 人，开展智能巡视作业的人员大于等于 2 人。

（三）配电业务

（1）配电业务人员需具备 2 年及以上配电相关专业工作经验，具备中级作业员及以上岗位胜任能力或助理工程师及以上职称或取得民航局无人机驾照。

（2）具备无人机实操技能的人员或缺陷识别技能高水平的人员大于等于 1 人。

（3）具备智能作业的人员大于等于 2 人。

第四章 智能运维管理

第一节 智能运维模式

通过成立生产监控指挥中心，优化输电、变电和配电运维组织模式，搭建智能运维平台，韶关供电局实现了生产运维模式的数字化转型——智能巡视"集中化"、缺陷识别"专业化"、缺陷处理"本地化"。

一、智能巡视"集中化"

（一）巡检分离，实现巡视集中化管理

1. 输电专业

输电管理所组织模式调整如图 4-1 所示。

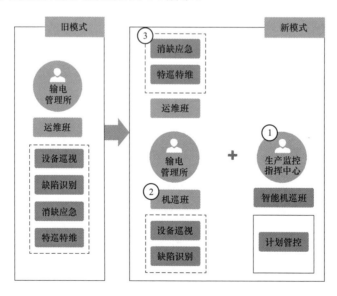

图 4-1　输电管理所组织模式调整

（1）成立生产监控指挥中心，开展输电机巡计划完成情况和缺陷发现情况监管。

（2）成立输电机巡作业班，集中开展输电设备机巡业务，专业化开展数据分析业务。

（3）原输电运维班取消机巡业务，专门开展设备特巡特维、消缺应急业务。

2. 变电专业

变电管理所组织模式调整如图 4-2 所示。

（1）成立生产监控指挥中心，开展变电机巡计划完成情况和缺陷发现情况监管。

（2）问题发现集中化，成立智能机巡班，集中开展变电设备机巡业务，专业化开展数据分析业务。

（3）原变电运行班组取消巡视业务，承接 C 类检修业务。原变电专业班组取消 C 类检修业务，专门开展设备 A、B 类检修和消缺应急业务。

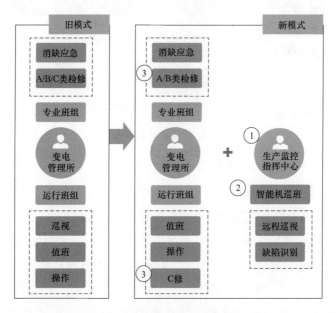

图 4-2　变电管理所组织模式调整

3. 配电专业

配电专业组织模式调整如图 4-3 所示。

（1）巡检分离，成立生产监控指挥中心，开展配电机巡计划完成情况和缺陷发现情况监管。

（2）问题发现集中化，成立配电网智能作业班，集中开展配电网设备机巡业务，智能机巡班专业化开展数据分析业务。

（3）问题处置本地化，成立配电网中压运维班，专业开展中压设备维护消缺业务。供电所取消巡视、中压运维业务，属地化开展低压设备运维业务。

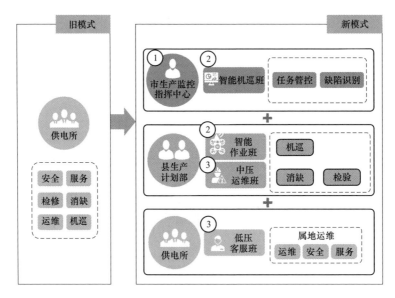

图 4-3　配电专业组织模式调整

（二）集中开展三维建模和航线规划

三维建模和航线规划是实现无人机自主巡视的必要前提，在实现巡视专业分工的基础上，由生产监控指挥中心统筹指导各输变配电专业的智能机巡作业班集中开展三维建模和航线规划工作，通过运用激光雷达技术和倾斜摄影技术构建完整、质量好、精度高的三维模型，实现无人自动巡航高质量、高效率巡航。

1. 变电专业

由生产监控指挥中心的智能机巡班集中开展变电站的三维建模和航线规划，2019 年 4 月开始探索无人机在变电巡视中的应用，2021 年 4 月已实现变电站（128 座户外敞开式变电站）建模及航线规划全覆盖。

2. 输电专业

由输电智能作业班集中开展输电网的三维建模和航线规划，输电架空线路

（5000km）应用无人机自主巡视已全覆盖。另外，固定外力破坏点应用摄像头监测全覆盖；山火、滑坡应用卫星监测全覆盖。

3. 配电专业

由配电智能作业班集中开展配电网的三维建模和航线规划，2019年3月开始探索配电网架空线路三维建模技术。2019年7月实现新丰片区（700km）建模覆盖，2019年12月实现乐昌、乳源片区（3000km）建模覆盖，2020年9月实现全域配电网架空线路（12000km）的三维建模和航线规划全覆盖。

（三）集中开展巡视作业

在智能巡视方面，由输变配电专业的智能机巡作业班集中开展巡视作业。韶关供电局无人机巡视已能够覆盖绝大部分的地区，对于无法使用机巡的区域，则采用传统人巡方式开展巡视，通过"机巡＋人巡"相结合的方式，确保输变配电巡视业务全方位覆盖。输配线路机巡效率为人巡的5～6倍，巡视替代率达100%；变电专业机巡效率为人巡的1.5倍，巡视替代率达81%。

1. 巡视计划"谁巡视，谁制定"

在巡视方面，机巡主要针对日常巡视和特殊巡视两个业务，对于机巡业务无法覆盖的日常巡视和特殊巡视区域，则采用人巡方式进行补充。在动态巡视业务方面，则主要由人工方式进行巡视，在巡视计划制定上，采用"谁巡视，谁制定"的方式进行管理。

（1）变电专业。日常巡视和特殊巡视的人巡计划由巡维中心制定；机巡计划由生产监控指挥中心的智能机巡班制定；动态巡视计划由巡维中心制定。

（2）输电专业。日常巡视由省机巡班（机巡）、韶关供电局输电智能机巡班（机巡）和输电运行班（人巡）共同负责，各自制定巡视领域的巡视计划；特殊巡视的人巡计划由输电运行班制定；机巡计划由输电智能机巡班负责；动态巡视的计划由输电运行班制定。

（3）配电专业。日常巡视和特殊巡视的人巡计划由中压运维班制定；机巡计划由县区局的智能机巡班制定；动态巡视计划由中压运维班制定。

2. 航线任务与计划关联

（1）巡视计划制定后，通过审批确认上传到智能巡视系统，系统通过智能计算将月计划、周计划和日计划与航线任务自动关联，并根据计划起止时间对航线智能排序，形成巡视的任务列表。

（2）巡视的任务列表按照计划的执行时间自动下发到各专业的机巡班组，机巡班组根据系统推送的计划开展机巡工作，实现对巡视作业计划的自动管理。

3. 过程实时监控，业务流程透明化

（1）巡视航点、巡视数据与台账自动关联，巡视数据与巡视位置精准匹配，并且与生产监控指挥平台数据自动关联、精准匹配。数据平台根据无人机的位置信息、巡视数据与台账对比分析，实现对巡视任务完成情况的统计，实时监督到位情况。

（2）应用智能巡视平台进行巡视过程质量管理，对巡视业务各个环节进行质量监督，可随时调取查看巡视照片等相关资料，检查资料的完成情况，实现巡视数据透明化管理。智能巡视平台监督管理如图 4-4 所示。

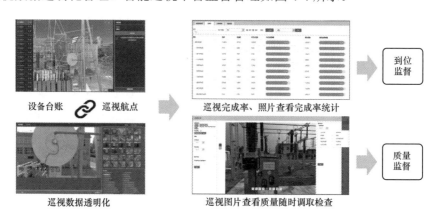

图 4-4　智能巡视平台监督管理

二、缺陷识别"专业化"

机巡业务获得图像信息，通过使用智能巡视平台机器智能学习技术，实现缺陷的自动识别，各机巡班组专业人员再对智能缺陷识别结果进行二次确认，最终生成缺陷报告，极大地提升缺陷识别的效率和准确率。

1. 建立专业缺陷样本库

根据电网设备的设备类型、部件、部件种类和部位的从属关系，确定输变配领域典型缺陷种类和缺陷分类分级样本库，规范缺陷分类、缺陷描述等结构化信息。日常通过大数据照片识别不断提升识别的准确度，降低误识别率。

（1）如图4-5所示，变电业务上，已完成2类隔离开关位置识别模型训练，无人机红外照片实现平台分析，表计、油位数据实现全过程管控。一次设备其余外观、渗油、零部件缺失、电气损伤等缺陷通过人工分析。

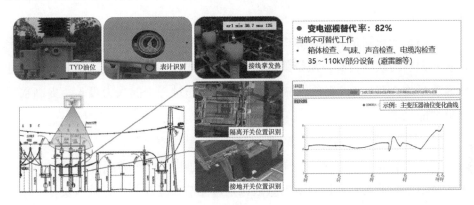

图4-5　变电智能识别

（2）输配业务上，已完成配电网典型缺陷图册编制，实现鸟巢、藤蔓攀爬等5类缺陷识别模型、树障隐患快速识别系统工程化应用。其中树障隐患识别出树障42598处，机器识别替代率100%；设备缺陷、识别缺陷、非树障类隐患30077处，机器识别替代率20.34%。输配机器识别替代率如图4-6所示。

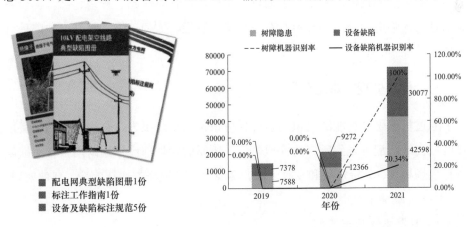

图4-6　输配机器识别替代率

2. 缺陷智能识别

传统图像采集人工缺陷识别是在采集到大量的电力设备图像后，再由工程师根据经验判断是否存在缺陷。这种方法的识别效果受限于工程师的技术水平和工作经验，且识别效率与工程师数量和工作时长相关。长时间进行人工识别，不仅使工程师精神疲劳，导致识别精度降低、效率下降，还易对工程师的身体健康造成伤害。

缺陷智能识别是利用计算机对巡检照片进行分析和整理，只需要提前设定好所要识别的缺陷种类，系统就可以自动识别出图像中的该类缺陷并标记，处理速度平均 2 张/s，能有效地减少数据分析工作过程中的人力投入，提高数据分析智能化水平。

3. 专业人员复核确认

在人工智能识别技术尚不能完成对输变配电所有缺陷都自动识别的情况下，由不专业的人开展巡视数据缺陷识别，无法保证缺陷"有效"发现。结合人工智能识别技术实际水平，以及各专业班组人员的实际运维经验，韶关供电局通过"传帮带"的方式，抽调技术骨干到各专业班组，通过典型缺陷归类识别培训，实现专业化开展巡视数据识别复核工作。

专业人员对智能识别的结果进行复核，包括对智能识别过程出现的缺陷错误或重复进行纠正，机器漏识别或无法识别的缺陷人工进行识别。人工复核完成后，即可生成报告，系统报告为自动生成，包含对线路、杆塔、部件、设备等信息的缺陷进行导出，并附有对应缺陷的图像，方便运维人员开展缺陷处理工作。

三、问题处理"本地化"

通过机巡平台智能缺陷识别系统分析识别的缺陷报告，会根据缺陷设备所在区域自动匹配下发到所属的管理部门，所属的管理部门依据缺陷报告对缺陷进行现场核实、分析定级和及时消缺，实现对设备缺陷的快速响应、高效处理。

（一）缺陷本地核实

1. 缺陷本地快速匹配

由机巡平台智能分析识别的设备缺陷，会根据缺陷设备所在区域匹配到对口的设备维护部门，并发放缺陷报告。由对口的设备维护部门再进一步对缺陷进行现场核实处理等工作，通过本地匹配的方式，实现对缺陷处理的快速响应、高效处理。

2. 现场核实

设备维护部门运行人员根据缺陷报告，现场进行核实。运行人员核实设备缺陷后，通过填报缺陷处理单，详细、准确地记录设备缺陷信息，方便抢修人员开展设备缺陷处理工作。

（二）缺陷等级分析

1. 分析定级

运行人员将缺陷信息上报后，由运行专责组织对缺陷进行分析定级。按照缺陷标准库对设备缺陷进行定级，一般可分为紧急缺陷、重大缺陷、一般缺陷和其他缺陷。

2. 确认抢修措施

根据缺陷级别，判断缺陷对人事、设备、电网的安全影响，判断缺陷是否需要立刻开展检修：

（1）若判定为紧急缺陷应立刻组织抢修，重大、一般缺陷应在规定期限内开展抢修。

（2）若缺陷定级为其他缺陷，由运行人员对设备运行状态、缺陷是否进一步恶化进行跟踪关注，若进一步恶化应重新定级。

（3）若运行专责确认缺陷不需要抢修处理后，由运行人员判断其发展趋势并后续对缺陷进行一段时期的监控和预防，避免缺陷严重程度升级。

（三）设备消缺处理

1. 组织消缺

（1）需要停电的缺陷根据其性质分类，检修人员对需要停电开展检修的设备报送停电检修计划到调度部门，并根据缺陷管理流程按规定时间完成缺陷处理。

（2）普通缺陷结合春秋检计划、大修技改工程等或办理正常的停电手续进行消缺，尽量保证供电的可靠性。

（3）对无须停电检修的设备力争第一时间现场直接处理，无法直接处理的制定维护保养计划，加强缺陷设备巡检维护。

2. 验收闭环

（1）设备缺陷处理工作结束后，运行人员对设备进行检验，判断缺陷部位功能是否恢复正常。若缺陷能完全消除，应对缺陷进行降级处理，重新填写缺陷信息。

（2）设备正常消缺后，运行人员将验收结果送给运行专责进行审核，运行专责对设备缺陷报送、跟踪、处理、验收等环节信息进行闭环归档。

第二节　智能运维标准

一、变电智能运维技术标准

（一）地基雷达建模标准

地基雷达建模扫描测量工作分为外业数据获取和内业数据处理两大步骤，如图 4-7 所示。

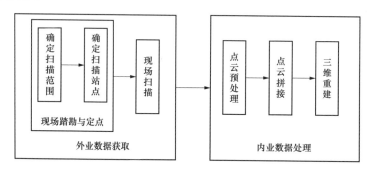

图 4-7　地基雷达建模主要步骤

（1）现场踏勘与定点。该工作的主要目的是确定扫描的整体范围及扫描站点分布。进行扫描工作之前，需要先去现场进行资料收集，并在实际环境中观察扫描对象，根据具体情况及要求确定实施方案。同时根据项目的实际需求，确定是否布设控制点，若需要真实的地理坐标，则进行控制点布设方案的相关研究。

（2）现场扫描。准备工作结束后可直接进行扫描，按照已做好的实施方案，在站点上架设三维激光扫描仪,相关参数的设置完成后,可直接开始扫描工作。

（3）点云预处理。包含点云去噪、点云平滑等工作,主要是对原始点云数据的错误点进行剔除及数据精简。

（4）点云拼接。地面三维激光扫描属于站载式扫描,每站点云数据都属于独立坐标系,因此需要对多站点云数据通过拼接进行坐标转换,从而获得完整的点云模型。点云拼接方法主要包括靶球拼接、靶标拼接、云际拼接等。

（5）三维重建。基于处理后的点云数据进行三维重建,可根据不同的需求选择不同的方法实现模型构建。

1. 点云数据采集与分析流程

（1）布设控制点。通常情况下,扫描仪在扫描过程中,目标地物表面点以扫描仪架站位置为原点建立了一个坐标系,在没有特殊要求时,基本满足项目需要。然而,需要基于激光点云开展无人机自主巡检,故需要将相对坐标转换到国家、地方坐标系下,因此需要架设全站仪或其他测量仪器相配合,在多站点云配准后,就可以通过公共点把点云数据相对坐标转换到绝对坐标系下。测量控制点的布设与相关测绘技术规范一致,布设考虑点位精度以及现场环境。

（2）布设标靶。保证点云数据配准的精度是一件十分重要的工作,如果点云数据配准的精度不高,那么后期处理数据对变电站三维模型构建时,同样会出现精度不高的现象。所以,对采集到的点云数据进行精确配准一直都是三维激光扫描技术中的重难点,而标靶的存在,能够很好地保证多个扫描站点采集到的数据能够精准地统一到同一个数据集里去。所以标靶在布设时,应该分布均匀,保证每个扫描站点至少能看见四个标靶,标靶与控制点的连接方法是,在标靶中心粘贴测距反射片,令扫描仪和全站仪（RTK）都能观测到同一个坐标点。

（3）数据采集。

1）仪器开机后,新建项目,更改扫描仪站点名前缀。

2）检查各传感器是否运行正常,如GPS、高度计、双轴传感器、指南针等。

3）设置扫描参数,根据现场情况选择配置方案后设置参数。

4）参数设置完成后,直接进行扫描,在扫描过程中要保持扫描仪及靶球的稳定性,且目标物不要被遮挡。

5）本站扫描结束后进行移站，并再次布设靶球，逐步完成全部扫描。变电站三维激光扫描如图 4-8 所示。

图 4-8　变电站三维激光扫描

（4）点云去噪。在实际扫描过程，点云数据常常会包含大量的背景点、错误点数据，这是因为扫描过程中往往会受到各种环境以及人为因素的影响。由于需要去除或者降低此误差以及背景点对之后三维重建的影响，有必要针对点云进行去噪处理。

点云数据根据几何分布特征分为上述四类，其中前三类点云属于有序点云，针对有序点云进行去噪处理；而散乱点云数据由于数据点没有明显的拓扑关系，因此在进行点云去噪之前需要进行点云拓扑关系建立。

（5）点云拼接及精度分析。站扫式三维激光扫描仪由于其仪器自身限制，每站扫描只能获得目标物的部分扫描数据，因此需要进行多站扫描以获得目标物完整的点云数据，每站的点云数据都属于独立坐标系，需要通过点云拼接进行数据坐标统一，获得目标物的完整结构。点云拼接方法可分为两大类：基于人工目标拼接和基于自然目标拼接。

点云拼接完成后对获得的完整点云模型进行去噪与平滑处理，选择合适格式的点云数据将其导入到点云处理软件中进行相关处理，图 4-9 为变电站建模效果图。

（6）成果资料整理。对原始数据、中间数据、预处理成果数据进行分类保存与备份，原始数据应至少保存一式两份。

图 4-9　变电站建模效果图

（7）数据安全。

1）对相关电子文档及激光扫描采集的原始数据，应设立专门的存储设备，选择性能好、稳定性高的介质作为存储设备。注意数据的备份与保存，防止设备损坏或人为误删导致数据丢失。数据一式两份，原始数据应保存完好，不得在存储原始数据的移动硬盘上处理数据。

2）激光雷达数据及定位测姿系统（position and orientation system，POS）数据应妥善保管。

2. 工作要求

（1）装备要求。

1）地基雷达参数要求：激光雷达点云数据采集设备需拥有高度集成激光雷达模块、惯性导航（IMU）、定位系统（GPS）和存储系统及飞行平台，通过发射和接收激光信号，获取被测物体的距离信息，并结合激光扫描角度、时间及GPS 记录的位置和 IMU 记录的姿态等参数，准确地计算出每个激光点的三维坐标（X、Y、Z），进而得到目标物的三维激光点云数据，相关参数如表 4-1 所示。

表 4-1　　　　　　　　　　　地基雷达参数要求

序号	项目	技术参数（最低值）	序号	项目	技术参数（最低值）
1	扫描距离	白色物体 90%反射率：最大扫描距离 350m；黑色物体 2%反射率：最大扫描距离 50m	2	测距噪声	25m 处 90%反射率：0.3mm；25m 处 10%反射率：0.5mm

序号	项目	技术参数（最低值）	序号	项目	技术参数（最低值）
3	扫描速度	仪器在 300m 处的每秒测量速度可达 976000 点	9	内置相机	采用内置同轴相机，分辨率：1 亿 6500 万像素，高动态范围（high dynamic range, HDR）曝光
4	扫描视场角	水平：360°；垂直：300°	10	指南针	内置电子指南针，为扫描数据提供方位信息
5	测距误差	25m 处：±1mm	11	高度传感器	内置电子气压计，为每次扫描添加相对高度信息
6	主机质量	4.2kg	12	GNSS	内置 GPS 和 GLONASS，为扫描数据提供坐标信息
7	双轴补偿器	对每次扫描进行水平校准，误差范围±2°	13	电池	内置锂电池，单块电池工作时间 4.5h
8	三维位置精度	10m 处：2mm；25m 处：3.5mm	14	安全等级	一级安全，对人眼无伤害

2）定点坐标仪器要求：定位设备定位精度应在 0.1m 范围内，即定位点坐标和与实际位置误差不超过 0.1m，定位点高度和实际海拔误差不超过 0.15m。

3）三脚架仪器要求：由于变电站内需保证设备的安全距离，同时为保证扫描设备的完整性，三脚架的高度在 70～150cm。

（2）站点分布要求。变电站根据场地占地面积及场地设备的密集程度，制定地基雷达站点数量。相关扫描站点数量如表 4-2 所示（除特殊变电站）。

表 4-2 站 点 数 量 要 求

电压等级（kV）	站点次量（站）	单间隔次数（次）
500	100	4
220	80	3
110	30	3
35	15	2

（3）控制点部布点要求。通过地基雷达扫描的三维点云数据，使目标地物表面点以扫描仪架站位置为原点建立一个坐标，为保证后续无人机规划无人机航线，需通过部署的控制点（见图 4-10），将变电站三维模型转换到国家坐标

系下。控制点分布主要要求：

1）均匀分布在变电站内。

2）最好是等边三角形。

3）最好有高程变化。

4）在模型中要能标记。

5）离假设站点的距离最好不超过 5m。

图 4-10　变电站控制点

（4）点云精度要求。通过三维激光雷达外业及内业处理，可得到变电站高精度点云模型，点云密度不低于 500 点/m²，绝对精度/相对精度为毫米级，完全满足无人机自主巡检航线规划要求。

（二）航线规划标准

1. 基本要求

（1）航线规划前，应勘查现场，确定起降点，第一个航点与最后一个航点的设置与起降点之间应确保无影响安全的设备设施。

（2）规划航线时应充分考虑无人机应急策略，无人机在紧急情况时应原地降落或垂直上升返航，原地降落或垂直上升返航时应确保航线下方或上方无影响安全的设备设施。

（3）航线安全距离应满足以下要求：

1）与变电站设备带电部位安全距离：500kV 大于 3.9m，220kV 大于 2.1m，110kV 及以下大于 1.2m。

2）与变电站设备设施非带电部位（如设备本体外壳、表计、构筑物等）安全距离大于 1.2m。

3）与地面垂直距离大于 2m，且不大于 120m。

（4）规划航线时可根据作业安全需要，增加辅助航点，确保航线满足安全距离的要求。

（5）无人机巡检航线不应跨越变压器、10kV 及 35kV 母线桥、电容器、电抗器等带电设备。

（6）针对建构筑物巡检航点，存在信号遮挡的，应进行信号测试确定合理的距离，建筑物巡检航点在建筑物天面高度以下 5m 时，宜与建筑物保持 5m 以上安全距离。

（7）航线规划后，应通过算法与人工校验相结合的方式开展航线审核。

（8）开展航线规划的变电站应具备完整、高精度空间位置信息的三维模型，精度不低于±0.1m。

（9）开展航线规划所使用的模型数据应与航线规划软件平台保持一致的投影坐标系，宜统一采用 WGS84 坐标系通用墨卡尔投影（universal transverse Mercator projection，UTM）。

（10）应合理设置巡检航点与拍摄点的距离、航向角、高度、云台的俯仰角参数，确保飞行安全及巡检图像完整、清晰，设备或者零部件等目标设备应完整清晰并位于图像中间位置。应合理设置辅助航点，保证巡检航线路径的安全。

2. 航线规划要求

（1）设备外观巡检航点要求。

1）在满足安全要求的前提下，设备外观巡检航点应覆盖变压器、电流互感器、电压互感器、避雷器、断路器、隔离开关、接地开关、母线、电容器、电抗器、穿墙套管、避雷针与避雷线等设备的日常巡检点位。

2）变压器外观巡检航点的规划要求：

①宜在变压器外侧上方及周围设置巡检航点，巡检内容应包括变压器顶部及周围的所有部件、主变压器基础、地面、消防喷淋装置等。

②宜在中性点设备上方、周围及下方机构箱分别设置巡检航点，上方巡检点巡检内容应包括放电间隙、零序电流互感器、避雷器、中性点接地开关、隔直装置开关等，下方巡检点巡检内容应包括机构箱整体。

③宜在变压器低压母排热缩套、绝缘子、避雷器及穿墙套管等部件的侧方分别设置巡检航点，母排较长时可分段规划航点。

④宜在冷控箱和端子箱的斜上方分别设置巡检航点，巡检内容应包括箱门、接地情况等。

⑤宜在中性点隔直装置的周围分别设置巡检航点，巡检内容应包括完整外观。

3）电流互感器、电压互感器、避雷器、断路器、隔离开关、接地开关的外观巡检航点宜设置在间隔的两侧，巡检航点的视场角应包括整体外观及其附属箱柜体，无法覆盖时宜分层规划。

4）电容器组、串联电抗器组外观巡检航点应设置在设备外侧上方，巡检内容应包括设备的整体外观。

5）避雷针外观巡检航点宜分层规划，巡检内容应包括本体、接地装置、与地网连接处、连接螺栓等。

6）悬挂绝缘子串外观巡检航点宜设置在上方，巡检内容应包括整体外观及连接处，无法覆盖时宜分段规划。

（2）设施外观巡检航点要求。

1）设施巡检航点应覆盖建（构）筑物、安健环设施、消防设施、安防设施、护坡、挡土墙、排水沟、周边隐患点等。

2）建（构）筑物巡检航点宜设置在四周及正上方，巡检内容应覆盖门窗、墙体、天面、附属设施、围墙、构架、爬梯等。

3）安健环设施、护坡、挡土墙、排水沟、周边隐患点巡检航点宜远距离拍摄，消防设施、安防设施近距离拍摄。

（3）表计巡检航点要求。

1）表计巡检航点宜覆盖油位表、压力表、避雷器在线监测仪等。

2）宜合理设置无人机航向角、云台俯仰角使表计巡检航点正对表盘，拍摄距离宜小于 2m，确保拍摄的表盘完整、清晰、居中，设备、设施外观及表计巡检点位要求如表 4-3 所示。

表 4-3　　　　　　　　设备、设施外观及表计巡检点位要求

设备、设施及表计	巡检点位	关键参数
35～500kV 油浸式电力变压器（含高压电抗器）	变压器顶部情况及顶部部件外观，包括储油柜、套管绝缘子、复合绝缘套管、压力释放装置、变压器与各侧引线、套管、绝缘子、套管接线端子等	俯仰角度宜为 −30°，距离宜为 2m
	本体油位表、气体继电器、分接开关油位计、套管油位	俯仰角度宜为 0°，距离宜为 2m
	本体油迹、主变压器基础及地面油迹、消防喷淋装置、铁芯、夹件、外壳接地、散热片、风扇、油流指示器、油温表、绕温表、集气盒、呼吸器、分接开关机构箱、法兰、阀门、在线滤油装置等	俯仰角度宜为 −10°，距离宜为 3m
	中性点设备包括放电间隙、零序电流互感器、避雷器、中性点接地开关、中性点隔直接地开关	俯仰角度宜为 −10°，距离宜为 3m
	中性点接地开关机构箱	俯仰角度宜为 −30°，距离宜为 2m
	变压器低压母排热缩套、绝缘子及穿墙套管	俯仰角度宜为 −10°，距离宜为 2m
	冷控箱和端子，包括箱门、接地情况、把手、指示灯等	俯仰角度宜为 −30°，距离宜为 2m
	中性点隔直装置整体外观	俯仰角度宜为 −10°，距离宜为 2m
35～500kV 电流互感器	设备侧面角度的整体外观，包含设备的接点、接头、瓷套底座、构架、二次端子箱、阀门和密封法兰全部部件及接地情况	俯仰角度宜为 −30°，距离宜为 2m
	油位表（油浸式）、SF_6 压力表（SF_6 式）	俯仰角度宜为 0°，距离宜为 1m
35～500kV 电压互感器	设备侧面角度的整体外观，包含设备的接点、接头、瓷套底座、构架、二次端子箱、阀门和密封法兰全部部件及接地情况	俯仰角度宜为 −30°，距离宜为 2m
	油位表（油浸式）、SF_6 压力表（SF_6 式）	俯仰角度宜为 0°，距离宜为 1m

续表

设备、设施及表计	巡检点位	关键参数
35～500kV 避雷器	设备侧面角度的整体外观，包含设备的接点、接头、底座、构架、均压环、绝缘子、避雷器泄漏电流表等全部部件及接地情况	俯仰角度宜为 -30°，距离宜为 2m
	泄漏电流表	俯仰角度宜为 0°，距离宜为 1m
35～500kV 断路器	侧面角度的整体外观包括接头接触处、瓷套、断路器基础杆件等	俯仰角度宜为 -30°，距离宜为 2m
	端子箱、机构箱外观及接地情况	俯仰角度宜为 -10°，距离宜为 2m
	断路器 SF_6 气体压力表、合闸位置指示	俯仰角度宜为 0°，距离宜为 1m
35～500kV 隔离开关	侧面角度的整体外观包括各部分接头、引线、防雨罩、引弧角、均压环、绝缘子、隔离开关传动连接、闭锁装置、限位螺栓安装情况、隔离开关底座牢固情况、接地情况	俯仰角度宜为 -30°，距离宜为 2m
	机构箱外观及接地情况	俯仰角度宜为 -10°，距离宜为 2m
35～500kV 独立接地开关	侧面角度的整体外观包括触指情况、绝缘子、传动连接、限位螺栓安装情况、架构底座、接地情况等	俯仰角度宜为 -30°，距离宜为 2m
	机构箱外观及接地情况	俯仰角度宜为 -10°，距离宜为 2m
母线	支柱绝缘子、绝缘子、接头接触情况、引线、架构等	俯仰角度宜为 -10°，距离宜为 6m
10～66kV 框架式并联电容器组	框架安装情况、瓷绝缘、引线、串联电抗器外观、接地装置、接地引线、网门、熔断器、避雷器等	俯仰角度宜为 -30°，距离宜为 3m
10～66kV 集合式并联电容器组	电容器外壳、接点、接地引线、串联电抗器、套管、串联电抗器外观、防鼠和消防设施等	俯仰角度宜为 -30°，距离宜为 3m
	吸湿器、油位指示	俯仰角度宜为 -30°，距离宜为 3m
穿墙套管	套管外观、末屏、各部密封处等	俯仰角度宜为 -10°，距离宜为 3m
避雷针与避雷线	本体外观、与地网连接处的接地情况	俯仰角度宜为 -60°，距离宜为 5m
	避雷线的连接点及连接情况	俯仰角度宜为 -10°，距离宜为 5m

设备、设施及表计	巡检点位	关键参数
建筑物	天面排水、散水、雨水排水口堵塞情况、坡道及台阶、防护栏杆、金属构件等	俯仰角度宜为－30°，距离宜为5m
	外墙面砖、门窗及附件（空调外机支撑架、户外爬梯、标示牌、给排水管、电线槽）、外墙涂料饰面、外露管道及建筑物沉降情况	俯仰角度宜为－30°，距离宜为5m
构筑物和标识划线	道路、站前区广场地面、开关场地、设备围栏、电缆沟道、构支架基础、油坑、变电站大门、设备基础	俯仰角度宜为－60°，距离宜为20m
站外设施及隐患点	护坡、挡土墙、围墙、排水（油）管道	沿变电站围墙进行拍摄，拍摄距离宜为4～6m
	周边黑点、简易棚架等隐患设施	离地至少10m，从2个不同角度拍摄留证

（4）红外测温巡检航点要求。

1）红外测温航点的巡检内容应避免朝向阳光，减少地面反射。

2）红外测温巡检航点宜覆盖变压器、母线、电流互感器、断路器、金属导线、隔离开关、母线、电容器组、串联电抗器组、电流互感器、避雷器及套管等。

3）变压器红外巡检航点宜设置在设备四周，针对各个电压等级的套管、母排、中性的设备宜分别设置巡检航点。

4）电流互感器、断路器、隔离开关、母线红外巡检航点宜设置在间隔的两侧，宜覆盖同一设备的三相，巡检内容包括设备的整体及设备与导线的连接处。

5）电容器组、串联电抗器组红外巡检航点宜设置在设备整体的外侧四周，巡检内容覆盖设备的整体。

6）避雷器、电压互感器、套管、悬式绝缘子串红外巡检航点宜设置在间隔两侧，宜覆盖同一相设备的整体，巡检内容包括设备的整体，红外测温巡检点位及要求如表4-4所示。

表4-4 　　　　　　　　　　　　红外测温巡检点位及要求

设备	巡检点位	关键参数
35～500kV油浸式电力变压器（含高压电抗器）	变压器顶部变压器与各侧引线、套管、绝缘子、套管接线端子等	俯仰角度宜为－10°，距离宜为5m
	本体	俯仰角度宜为－10°，距离宜为5m

设备	巡检点位	关键参数
35~500kV 油浸式电力变压器（含高压电抗器）	中性点设备包括放电间隙、零序电流互感器、避雷器、中性点接地开关、中性点隔直接地开关	俯仰角度宜为−10°，距离宜为5m
	变压器低压母排	俯仰角度宜为−10°，距离宜为3m
35~500kV 电流互感器	设备侧面角度的整体，包含设备的接点、接头、瓷套底座、构架、二次端子箱、阀门和密封法兰全部部件及接地情况	俯仰角度宜为−30°，距离宜为5m
35~500kV 电压互感器	设备侧面角度的整体，包含设备的接点、接头、瓷套底座、构架、二次端子箱、阀门和密封法兰全部部件及接地情况	俯仰角度宜为−30°，距离宜为5m
35~500kV 避雷器	设备正面角度的整体，包含设备的接点、接头、底座、构架、均压环、绝缘子等全部部件及接地情况	俯仰角度宜为−30°，距离宜为5m
35~500kV 断路器	侧面角度的整体包括接头接触处、瓷套、断路器基础杆件等	俯仰角度宜为−30°，距离宜为5m
35~500kV 隔离开关	侧面角度的整体包括各部分接头、引线、防雨罩、引弧角、均压环、绝缘子、隔离开关传动连接、闭锁装置、限位螺栓安装情况、隔离开关底座牢固情况、接地情况	俯仰角度宜为−30°，距离宜为5m
母线	支柱绝缘子、绝缘子、接头接触情况、引线、架构等	俯仰角度宜为−10°，距离宜为5m
10~66kV 框架式并联电容器组	框架、瓷绝缘、引线、串联电抗器、接地装置、接地引线、网门、熔断器、避雷器等	俯仰角度宜为−30°，距离宜为5m
10~66kV 集合式并联电容器组	电容器外壳、接点、接地引线、串联电抗器、套管、串联电抗器外观、防鼠和消防设施等	俯仰角度宜为−30°，距离宜为5m
穿墙套管	套管整体	俯仰角度宜为−10°，距离宜为5m

（5）辅助航点。

1）应在保证航线安全的情况下航点数量尽量少，避免航线执行时无人机不必要的电量浪费。

2）辅助航点应合理设置，避免航线执行时无人机大角度斜飞。

（6）航线要求。

1）设备巡检航线宜按间隔分区规划，设施巡检宜单独设置巡检航线。

2）单架次巡检航线包含的巡检航点及辅助航点不宜过多，航线执行完毕时，无人机电池电量宜不低于30%。

3. 航线维护管理要求

（1）在变电站改（扩）建后，设备及设施发生变化时，应及时根据更新后的模型对航线进行安全性校核。

（2）航线周边存在树木等植物时，应定期开展安全距离校核。

（3）应建立航线库，做好航线的命名、存储及版本管理。

（4）航线文件、三维模型等数据应采取安全措施，避免未授权信息泄露、修改、删除和破坏。

（三）无人机作业标准

1. 一般要求

（1）通用要求。

1）无人机作业应满足国家民航、空域等管理部门相关法律法规要求。

2）无人机作业区域宜在变电站内，根据实际需要可适当延伸至站外护坡、出线杆塔及周边隐患点等区域。

3）无人机作业期间安全距离应满足以下要求：

①现场人员与无人机保持大于2m的安全距离，无人机正下方及飞行前进方向不应有人员逗留或通过。

②与变电站设备带电部位安全距离：500kV大于3.9m，220kV大于2.1m，110kV及以下大于1.2m。

③与变电站设备设施非带电部位（如设备本体外壳、表计、构筑物等）安全距离大于1.2m。

④与地面垂直距离大于2m，且人、机相对高度不大于120m。

（2）作业人员。

1）作业人员应掌握无人机操控与变电运行维护相关专业知识，掌握无人机作业流程，接受相应技术技能培训并考试合格，手控操作飞行作业人员应取得公司认可机构颁发的证件。

2）作业人员应确保精神状态良好，无妨碍无人机作业的疾病和心理障碍。

3）开展手控操作飞行作业，作业人数应至少配置 2 人。

（3）作业装备。

1）无人机起飞质量（含挂载任务设备）不大于 7kg，轴距不宜大于 700mm。

2）无人机（含挂载任务设备）在无风环境悬停的最大续航时间大于 25min。

3）无人机最大可承受风速大于 10m/s。

4）开展自动飞行的无人机应具备 RTK 定位功能。RTK 处于固定解时，水平及垂直方向悬停精度应达到厘米级。

（4）作业环境。

1）无人机作业应在良好天气下进行，在雾、雪、雨、冰雹及风速超 8m/s 等不利于作业的气象条件下不应开展，已开展的作业应及时终止。

2）无人机作业环境温度应满足所用型号无人机技术参数要求，若无明确要求，宜在 0～40℃范围内开展。

3）若无人机作业范围内存在迎风坡、风力湍流区等特殊微气象区域，作业人员应根据无人机的性能及气象情况判断是否开展无人机作业。

2. 作业准备

（1）设备要求。

1）确认无人机组装完成且外壳无损伤，各类保护罩已移除。

2）检查无人机遥控器及无人机电池电量充足；检查无人机存储容量充足。

3）检查遥控器或无人机巡检系统无自检异常告警，图传、数传正常，数据保持实时刷新。

4）检查无人机状态指示灯所用型号应与无人机技术参数要求相符。

5）检查无人机作业机库、作业航线与作业任务要求一致。

（2）管理要求。

1）确认无人机作业期间飞行范围内气象条件均满足作业环境要求。

2）应对全体参与无人机作业的人员进行安全交底，明确作业范围、现场情况及有关安全要求，并确认每一名人员都已知晓。

3）各无人机作业人员、作业单位之间应保持联络畅通，作业现场不得使用会干扰无人机飞行控制系统通信链路的电子设备。

4）现场其他施工人员不宜在无人机作业区域作业。若确有需要，应与无人机保持足够安全距离，不应于无人机前进方向及正下方逗留，必要时可设置警示栏。

5）检查无人机作业范围，确认无人机作业区域内无影响本次作业安全的工作。

6）无人机作业应避免阳光直射镜头，根据变电站的地理位置，选择合适的时机段作业。

3．作业实施

（1）通用要求。

1）无人机进入以下区域飞行时，无人机作业人员应通过遥控器或无人机巡检系统加强监视：

①上方有遮挡的区域。

②运行中的变压器主绕组或空心电抗器绕组周围 1.5m 内的区域。

2）无人机电池电量低于 30%，应立即召回无人机。

3）当无人机离地高度 3m 以内或周围 3m 空间内有障碍物时，飞行速度不宜大于 1m/s；其他情况下，飞行速度不宜大于 5m/s。

4）无人机起飞和降落地点上方应无遮挡。

（2）手控操作飞行要求。

1）手控操作飞行宜启用无人机自动避障功能。

2）手控操作飞行不应超视距。

3）无人机起飞和降落地点应空旷平整，必要时可设置起降标识。

4）户外现场无人机作业应设置操控人员和监护人员，操控人员应全过程保持手指不离开遥控器，精神集中，不得闲谈或做与作业无关的事项，注意观察 GPS 或 RTK 信号；监护人员应全程观察无人机状态、空间位置，注意气象变化，注意作业现场是否有无关人员进入。

5）针对户外仪器仪表巡检，应使作业对象处于照片的正中心，调整无人机拍摄参数，确保成像清晰。

6）针对红外巡检作业，无人机取镜范围宜覆盖作业对象及其对照设备，若发现疑似发热点，应操作无人机多角度拍摄，调整无人机红外拍摄参数，排除外部干扰，提高无人机红外巡检精度。

（3）自动飞行要求。

1）自动飞行航线应先经过安全距离校核及现场验证，合格后方可投入运用；航线若有调整，应重新开展安全距离校核及现场验证。

2）自动飞行航线下发至无人机前，应再次确认航线信息是否正确，包括起点位置、适配机型、航点及预计时间。

3）无人机起飞和降落地点应空旷平整并设置起降标识；无人机起飞和降落地点宜设置在无人机航线起始点和航线结束点正下方。

4）针对手控自动飞行作业，宜设置操控人员和监护人员，操控人员应全程保持双手控制遥控器，手指不得离开暂停功能按钮，精神集中，不得闲谈或做与无人机作业无关的事情，注意观察 RTK 信号；监护人员应全程观察无人机状态、空间位置，注意气象变化，注意作业现场是否有无关人员进入。

5）针对机库自动飞行作业，应设置监控人员，监控人员应全程监视无人机巡检系统画面，精神集中，不得闲谈或做与无人机作业无关的事情，注意观察异常信号。若出现无人机图传、数传中断的情况，应终止当前作业。

4. 作业终结

（1）无人机作业终结，检查无人机状态无异常。

（2）机库自动飞行作业终结，检查无人机巡检系统无异常。

（3）人员撤离前，应清理现场，核对设备和工器具清单，确认现场无遗漏。

（4）无人机作业终结后，作业相关用电设备应及时充电。

5. 数据处理

（1）无人机作业数据处理包括命名、归档、备份、汇总、分析等。

（2）检查无人机作业数据质量，若出现照片丢失、拍摄偏移、无法读取等异常情况，应排查异常原因并记录。

（3）设备巡检数据应经运维人员核查。运维人员应记录新增缺陷、隐患或跟踪历史缺陷、隐患；无法通过作业数据确认的缺陷、隐患，运维人员应现场复核。

（4）无人机飞行过程中若出现通信中断、偏离航线、物理碰撞等异常情况，运维人员应获取飞行数据，排查异常原因并记录。

（5）处理作业数据时，应采取安全措施，避免未授权信息泄露、修改、删除和破坏。

6.　无人机应急处置要求

无人机作业可采取的应急措施包括但不限于手控操作返航、自动返航、原地降落、悬停、迫降等。作业人员应及时上报现场处置情况。具体要求如下：

（1）手控操作返航，应先确认机头朝向，控制无人机飞向最近的人行通道或车行通道，再沿通道飞离设备区域。

（2）自动返航前应暂停当前自动飞行任务，确认无人机上方无遮挡。

（3）原地降落前应暂停当前自动飞行任务，确认无人机下方无设备和现场人员。

（4）若出现无人机遥控器通信中断、RTK 丢失，可将无人机悬停，待异常自恢复，若短时间内无法恢复，可尝试重启遥控器。现场任何人员不得在无人机悬停点下方逗留。

（5）若无人机因电量急剧下降或其他原因迫降，作业人员应立即操控无人机降低迫降速度，通过图传或其他监视方式，就近选择安全降落地点。

（6）无人机非正常降落后，应立即上报，在靠近无人机前，确认机体无冒烟起火，确认桨叶停止旋转，必要时应佩戴防护手套。回收无人机前，应关闭无人机电源，全面检查机身各部件，保存现场飞行数据、作业数据，对现场情况拍照备存。

二、输电智能运维技术标准

（一）数据采集与建模

1.　航线数据来源

数据主要来源于激光雷达扫描及倾斜摄影数据，经过航迹解算、点云解算、杆塔定编号、去除噪点、切档及合并等处理，形成点云三维模型。经验证后，系统规划生成航线。

2.　数据质量要求

数据若未规范采集、解算和验证，会造成整组数据的绝对位置偏移和点云数据的扭曲、变形、重影等无效数据。若未经验证，位置偏差，可能会造成拍摄目标偏移和撞塔撞线等后果。

3. 数据采集要求

（1）雷达设备检校要求。

1）新采购设备应有检校测试、测量精度测试及出厂合格报告，并提供激光雷达、惯性导航、全球导航卫星系统（global navigation satellite system，GNSS）板卡等设备型号及检校配置参数等报告。

2）设备每年至少应检校一次，检校合格后方可使用，并提供检校配置参数等报告。

3）每次拆装设备内外结构，必须重新检校，合格后方可使用，并提供检校配置参数等报告。

4）发现设备采集的数据往返航线偏差过大，必须重新检校，并提供检校配置参数等报告。

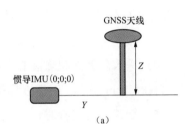

（a）

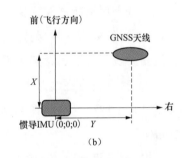

（b）

图 4-11　杆臂值俯视图

（a）杆臂值侧视图；（b）杆臂值俯视图

（2）设备参数与杆臂值测量。

1）杆臂值三维量测，测量方法宜采用全站仪或其他测量工具，确保测量精度，以惯性导航（IMU）为中心，量测至 GNSS 天线相位中心的三维距离（前/后，左/右，上/下），如图 4-11 所示。

2）现场须提供作业方式和激光雷达型号、惯性导航型号、GNSS 板卡型号、杆臂值及检校安置角等参数，如表 4-5 所示。

表 4-5　　　　　精 细 作 业 方 式 参 数

序号	作业方式	LiDAR型号	惯性导航型号（IMU）	GNSS板卡型号	杆臂值（m）			检校安置角（°）			LiDAR与IMU距离（m）			测量时间
					前/后	左/右	上/下	R	P	H	X	Y	Z	
示例	精细	7311	VUX-1LR	IMU-FSAS	前1.5	左0.5	上1.1	0.1	−0.1	0.12	0.1	0.1	0.1	×××X-××-××

（3）规范现场作业。

现场作业应满足以下要求：

1）GPS 天线应固定安装在不易遮挡处，确保能接收到 6 颗以上卫星，且接收的卫星信号持续为固定解。

2）如需架设基站，应提前架设并配置好 GPS 接收机，接收 GPS 数据直至作业完成或停止，每次基站接收数据时间不应低于 4h。

3）激光雷达设备在起飞前和降落后，须在工作状态静止各 5min。

4）进入测区前和降落前应规范以不低于 5m/s（10 节）的速度绕 8 字飞行，转弯直径 1km 左右，对惯性导航进行检校初始对准。

5）航路往返飞行时，直线飞行超过 30min 的，直升机可沿线路外侧飞出航线，绕圈后重新进入航线。

6）飞行姿态尽量保持平稳，在作业航线内严禁大姿态飞行，飞机俯仰、侧滚角一般不大于 2°，最大不超过 4°。

7）直升机宜在线路上方 60～200m 高度飞行，高度变化不应超过相对航高的 5%～10%，不允许急速改变飞行高度，飞机上升与下降速度不大于 10m/s。

8）直升机宜以 40～80km/h 的速度飞行，飞行速度在整个航线内应尽可能保持一致，不允许快速提高或者降低飞行速度。

9）当航线经过转角塔，飞行方向需要发生变化时，飞机应向线路外侧转大弯绕圈，然后以直线状态重新进入航线，严禁悬停原地转向，防止造成 GPS 卫星信号失锁。进出航线要以左转弯和右转弯交替进行，飞机应飞出航线至少 300m 后再转弯，且转弯坡度不大于 15°，最大不超过 22°。

4. 数据解算

（1）航迹解算。

1）航迹解算主要分为实时差分解算（RTK）和后解算（PPK）两种，主要以后解算为主。

2）后解算宜利用千寻定位云端服务系统或精密星历数据以及自架基站作解算。

3）主要影响数据精度，包括杆臂值、卫星接收信号、惯性导航姿态及基准站等参数。

4）航迹质量检查：①初步判断，以航迹的连贯性、航迹点的颜色为检查依据，蓝色至绿色表示质量较好，紫色或红色表示质量较差；②GPS 信号有无失锁，卫星数量是否满足要求；③时间信号有无重复或丢失；④IMU 数据是否正常和连续。

（2）点云解算。

1）解算后航迹文件，结合原始点云数据解算，生成带位置信息点云数据（LAS）。

2）主要影响精度，包括航迹文件、设备安置角、LiDAR 与惯性导航偏心距离、跳秒、矩阵等参数。

5．数据处理与验证

（1）解算后点云数据须进行定杆塔编号、去除噪点、切档以及合并。

（2）点云位置验证，宜采用海星达或 P4R 飞机等 RTK 定位工具，验证点宜在杆塔基础外角处采集。最少每隔 5km 设定一个验证点。

6．通道巡检

（1）建模方法。

1）可采用激光雷达扫描、倾斜摄影等方式获取输电线路通道走廊点云数据。

2）应建立导线的精确模型以及其他输电线路本体的三维模型，以满足输电导线的风险分析需要。

3）应对走廊内地物进行三维重建，走廊内地物应包括植被、建筑物、地面、铁路、公路、交叉跨越线路、河流等主要地物。

（2）建模步骤。

1）应对激光雷达或倾斜摄影数据进行解算得到点云数据。

2）应根据线路实际情况核对输电线路台账数据，包括设备台账和杆塔坐标等，保证点云数据与实际相符。

3）应对点云数据进行数据预处理，包括去噪点、去重影、缺失值处理等。

4）应以线路台账为参照进行杆塔号标记，并按基本区段进行分块。

5）应对分块后点云数据进行分类，分类类型应包括地面、导线、地线、杆塔、绝缘子、植被、建筑物、铁路、公路、交叉跨越线路、桥梁、河流等。

6）应对输电线路导线等带电构件与通道内其他类别地物间净空距离进行检测分析，计算输电线路与其附近树木、地表构筑物等的间距。

（3）应用。

1）在三维数字场景中，进行部件间欧氏距离量测。

2）对输电走廊所有分类形成的点云数据进行分析，检测线路对树木、建筑和交叉跨越线路等周围物体的距离，输电线路安全分析应符合 DL/T 741—2019《架空输电线路运行规程》的相关要求，根据安全阈值对测量的结果进行判断预警，生成对应安全距离检测报告。相关交叉跨越信息宜有对应的交叉跨越分析报告。

3）融合激光扫描技术、多光谱技术、360°全景影像技术、倾斜摄影技术、现场视频等技术，实现全方位的线路通道安全管控，开展快速隐患检测、树木倒伏隐患检测等通道风险评估，生成检测报告，实现缺陷隐患的智能识别和快速定位。

7. 激光雷达建模

（1）数据采集。激光雷达作业应满足要求：无人机、地基激光雷达作业要求可参照 DL/T 1346—2021《架空输电线路直升机激光扫描作业技术规程》的有关规定。

（2）扫描范围。750、1000、±660、±800、±1100kV 架空输电线路两侧边相导线向外延伸不少于 75m 为建模范围，其他电压等级架空线路两侧边相导线向外延伸不少于 50m 为建模范围。

（3）点云质量要求。

1）输电线路原始激光点云数据点密度应不小于 50 点/m²。应完整覆盖杆塔、导地线、交叉跨越、植被等地表以上物体，杆塔、绝缘子、导地线及挂点、塔基轮廓应完整、清晰，满足应用需求。

2）植被覆盖密集区和地貌破碎区的点云密度可适当增加；地表裸露地区的点云密度可适当降低；激光点云反射率较低区域（如河流、湖泊等易形成镜面反射区域）、深谷等困难地区的点云密度可适当降低。

3）同架次航带间和不同架次航带间的叠加点云应无明显重影、错位等现象，航带或架次间相同位置点云最大重影间距不应超过 20cm，单一航带厚度不应超过 20cm。

（4）点云精度要求。

1）激光扫描获取的点云平面和高程绝对精度不应低于±15cm，平面和高程相对精度不应低于±5cm。

2）在激光点云反射率较低区域（如河流、湖泊等易形成镜面反射的区域）、深谷等特殊困难地区，平面和高程绝对精度及相对精度可适当降低。

（5）数据处理。

1）应对点云进行分类，包括导线、地线、杆塔、交叉跨越、建筑、植被、道路、桥梁、地面点等。

2）应将明显低于地面的点或点群（低点）、明显高于地表目标的点或点群（空中点）以及移动地物点定义为噪声点，应在进行地面点分类之前将噪声点分离出来。

（6）其他规定。

1）根据实际需要进行扩展应用时，可对点云模型进行矢量化、真彩色赋色和属性赋值等数据处理。

2）输电线路多工况模拟时，应依据点云模型矢量化为线框模型，分裂导线宜按照每根线进行单独建模；航线规划及多工况分析时，模型还应包含挂点位置、绝缘子长度参数等信息。

3）根据点云展示或数字化管理应用需求，可对间隔棒、分裂导线等点云进行精细分类或说明。

4）模型应与实体一一对应，具备身份标签和参数信息表格，能与线路台账信息、其他巡检数据进行关联和对应。

5）可根据应用需要将点云分类进一步细化，例如可将"植被"细分为"树木""竹子""草坪"等。

（7）数据格式。

1）点云模型宜采用 Las1.1 及以上标准格式存储。

2）点云数据文件名采用"线路名_起始杆塔号-终止杆塔号_数据类型_创建日期"的方式。

点云数据文件具体格式如下：

1）线路名的格式为"地区名_电压等级_线路名称"，如"江门_500_襟桂乙线"。

2）起始杆塔号-终止杆塔号的格式为"N＋数字-N＋数字"，如"N28-N50"。

3）创建日期的格式为"YYYYMMDD"，如"20170510"。

（二）航线规划及点位设置

1. 规划流程

航线规划流程图如图 4-12 所示。

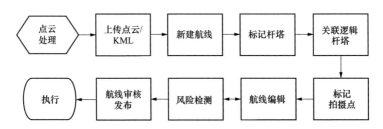

图 4-12　航线规划流程图

2. 基本要求

（1）规划人员要求。

1）航线规划人员需大专及以上学历，熟练掌握计算机基本操作。

2）应具有 1 年及以上电网设备运行维护工作经验，熟悉航空、气象、地理等必要知识。

3）规划作业前，应开展不短于 2 天的专业培训，并通过不低于 30 基杆塔的航线规划测试后，方可上岗。

（2）数据要求。

1）准备航线设计所需要的设备台账、基础坐标。

2）在设计精细化航线时，需准备高精度点云数据，精度不低于±0.2m。

3）点云精度校准，数据预处理完成后，应采用控制点检查的方式检查点云数据的精度，编写点云数据精度报告，保证点云数据的准确性和可用性。对于精度校验不合格的点云数据，应当重新进行采集或者使用控制点进行校正，使点云数据达到航线规划要求。

4）对点云数据合并、裁剪，在保证设备全覆盖、风险点全覆盖的情况下，删除多余区域数据。

5）重新提取设备关键点的高精度坐标，更新设备台账坐标信息。

（3）技术要求。

1）上传点云数据及设备坐标数据至航线规划系统，注意检查并设置正确的点云数据投影坐标系。

2）巡视设备点云分割标定，将完整点云按照设备台账进行切割，以提高航线系统操作的便捷性与流畅性。

3）在上一步成果的基础上，标记需要拍摄的关键部位。

4）选择无人机相机型号，生成自动飞行轨迹，并根据作业安全需要，增加辅助航点，确保作业过程中航点之间的轨迹与点云保持一定的安全距离。

5）根据作业需求调整航点顺序。

6）应确保相机参数设置合理，尽可能保证图像清晰、曝光合理。

7）通常情况下，精细化拍摄时，相机俯仰角尽可能平视拍摄，宜在$-10°$～$10°$设定，具体以现场实际情况为主。

8）相机为 1in（1in＝2.54cm）传感器，相机焦距为 9mm 时，直线塔拍摄点距离目标体 2.5～3m，耐张塔拍摄点距离目标体 3～3.5m，尽可能确保销钉类目标及缺陷在放大情况下清晰可见。

9）设备或者零部件目标设备应位于图像中间位置。

（4）拍摄内容要求。

1）拍摄主要包括线路通道、塔基、塔身、塔头、绝缘子（含销钉）、金具（含销钉）、各挂点（含销钉）等。

2）路径规划基本原则是面向大号侧先右后左，从上至下，先小号侧后大号侧，根据输电设备结构确定合适的拍摄位置，固化作业拍摄点，建立标准化航线库。

3）航线库应包括线路名称、杆塔号、杆塔类型、杆塔地理坐标、出入塔点位坐标及作业点成像参数等。

（5）安全要求。

1）作业前应规划应急航线，包括航线转移策略、安全返航路径和应急迫降点等。

2）作业应满足国家民航、军队等部门有关政策法规要求，禁止在机场、军事基地、核电站等敏感地带附近飞行。

3）无人机巡检时与架空输电线路的最小距离应大于2.3m。

4）风险检测使用自动自带的碰撞风险监测与人工浏览相结合的方式，审核航线，排除风险，保证飞行安全。

5）未通过风险检测及人工审核的航线，不应开展现场作业。

（三）无人机巡视标准

1. 数据巡视要求

多旋翼巡视分为精细巡视、日常巡视、通道巡视三种类型。

（1）精细巡视是指采用可见光、红外两种负载同时对杆塔本体、金具、导线等所有设备部件开展精细巡视，相当于在设备投产验收时开展的验收巡视，在此基础上增加红外测温工作。

（2）日常巡视是指采用可见光巡视对杆塔连接关键部位开展巡视。

（3）通道巡视采用可见光或激光雷达对线路通道走廊等影响线路周边运行的环境开展巡视。

2. 可见光数据采集要求

（1）精细巡视。

1）拍照对象及拍照顺序。对于杆塔：悬停或缓慢通过杆塔时，按照飞行前进方向、先整体后局部、从上到下、从右往左、从前往后、从低电压端到高电压端、连续全覆盖的原则拍摄（拍摄顺序可根据现场情况调整），如图 4-13 所示。

2）拍摄注意事项：作业人员应保证所拍摄照片对象覆盖完整、清晰度良好、亮度均匀。拍摄过程中，须尽量保证被拍摄主体处于相片中央位置，所占尺寸为相机取景框的60%以上，且处于清晰对焦状态，保证销钉级元件清晰可见（如图4-14所示）。

3）条件允许时，拍摄完应立即回看拍摄照片质量，如有对焦不准、曝光不足或过曝等质量问题，应立即重新拍摄。

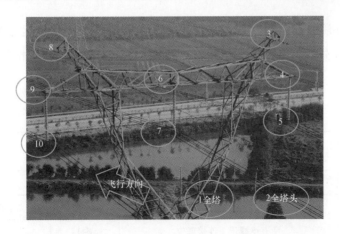

图 4-13　单回直线塔可见光数据采集飞行拍摄顺序（参考）

4）红外扫描时，尽量保证红外相机头平视或朝上，消除背景温度干扰，如发现明显发热点，应保存所拍摄图像，明确定位具体发热元件，如发热位置为压接管、连接螺栓等。

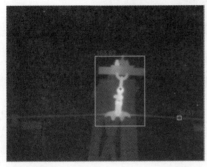
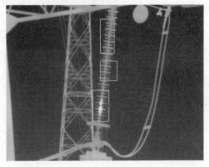

图 4-14　可见光数据采集示例

（2）日常巡视。日常巡视采用可见光负载开展（可根据运行方式需要，同时采用红外负载），巡视项目相对精细巡视有所精简，具体项目如表 4-6 所示。

表 4-6　　　　　　　　　日 常 巡 视 拍 摄 项 目

拍摄顺序	拍摄对象	拍摄数量（张）	备注
1	杆塔整体全景照片	1	—
2	左、右地线线夹	各 1-2	含防振锤
3	所有绝缘子上连接部位	各 1	—
4	所有绝缘子下连接部位	各 1	含线夹、防振锤
5	所有绝缘子本体部位	各 1	—
6	塔基	1	—
7	往大小号测线路走廊全景	2	—
8	其他辅助设施	—	根据现场定

（3）通道巡视。通道巡视主要有以下四种方式：

1）多旋翼负载可见光采用自动化巡视 APP 对线路走廊快飞扫描，飞行航线为线路前进方向右侧 10m，高于导线 20m 左右，飞行高度根据地形随时调整，航线重叠度不低于 30%，单次作业半径不宜超过 3km。

2）多旋翼负载可见光采用自动化巡视 APP 对线路 1～2 档开展树障扫描，飞行方式与方式 1）相同，但航线重叠度要求不低于 85%，保证数据质量，提高树障测量精度。

3）多旋翼负载可见光采用自动化巡视 APP 对部分施工隐患区域开展 360°全景 VR 扫描，飞行器起飞后，悬停高度高于杆塔 10～20m，每旋转 30°，调整摄像头角度上中下三个视角拍摄 3 张照片，共计拍摄 36 张照片合成全景图（或者采用上中下 360°连续环拍法）。

4）多旋翼负载激光雷达对线路 1～2 档开展通道走廊激光扫描作业，飞行航线为线路前进方向右侧 10m，高于导线 20m 左右，飞行高度根据地形随时调整。

三、配电智能运维技术标准

（一）倾斜摄影建模标准

1. 一般规定

倾斜摄影建模标准适用于平原或者海拔落差较小地形，当在特殊地形（如落差较大的山地、峡谷、大面积水域等）采集倾斜摄影信息时，可适当降低要求。

2. 数据采集

（1）倾斜摄影原始数据分辨率要求如表 4-7 所示。

表 4-7　　　　　　　　　　　倾斜摄影原始数据分辨率要求

杆塔高度 H（m）	$H \leqslant 120$	$H > 120$
分辨率（cm）	3	5

（2）倾斜摄影原始数据质量要求应满足以下指标：

1）飞行方向：航向重叠率应不低于 65%，旁向重叠率应不低于 60%，偏角应小于 12°，航摄区域内达到或接近最大旋偏角的相片不应连续超过 3 张，航线弯曲应小于 3%，同航线相邻片的航高差要小于 30m，杆塔元器件的每个节点在相邻两张照片中的视差角度应不超过 10°。

2）飞行航迹：如果航点高度变换不大，相机宜带有倾斜角度增强或增加一段变高拍摄的航迹。如对物体侧面有要求的或有其他进阶处理需求的，可采用增加航带数、布置地面相控点、弓形飞行方式或其他绕塔的菱形飞行方式。

3）拍摄要求：倾斜摄影数据应包含拍摄地点的坐标信息，定位精度应优于 0.1m，飞行前宜对相机进行畸变校验；相片应曝光良好，不过曝、欠曝、无运动模糊或对焦模糊情况；相片成像角度应确保杆塔全方位覆盖，且关键设备（导地线、挂线点、绝缘子、跳线、横担等）无遮挡，面对相机的杆塔塔材应清晰可见。

3. 数据处理

数据精度要求如下：

（1）点云数据空三预处理，应检查多视角照片中同名点像素误差，选取的同名点交会角度应尽量接近 40°～140°，在以上视差范围内的影像中同名点平均像素误差应控制在 2 个像素以内，若物方误差过大，应增加连接点或者相控点重新进行空三预处理。

（2）获取的点云平面和高程绝对精度应不低于±50cm，平面和高程相对精度不低于±50cm。

（3）在点云反射率较低区域（如河流、湖泊等易形成镜面反射的区域）、深谷等特殊困难地区，平面和高程绝对精度和相对精度可适当降低。

4. 点云分类

数据分类可参考激光点云分类要求。

5. 进阶处理要求

应用于无人机自动巡检航线规划及线路安全距离多工况分析的倾斜摄影点云模型应清晰分辨出杆塔悬挂点、绝缘子等基本构件特征，可提取悬挂点位置和绝缘子长度等信息。

6. 数据格式

（1）倾斜摄影影像数据宜采用*.jpg、*.png 格式存储。

（2）倾斜摄影模型数据宜采用*.las、*.obj 格式存储。

（3）倾斜摄影模型数据文件名采用"线路名_起始杆塔号-终止杆塔号_数据类型_创建日期"的方式。

数据文件具体格式如下：

（1）线路名的格式为"地区名_电压等级_线路名称"，如"江门_500_襟桂乙线"。

（2）起始杆塔号-终止杆塔号的格式为"N＋数字-N＋数字"，如"N28-N50"。

（3）创建日期的格式为"YYYYMMDD"，如"20170510"。

（二）无人机作业标准

1. 一般要求

为避免碰撞线路通道周围的障碍物，无人机优先考虑在线路上方巡视飞行。无人机与架空配电线路及设备的最小安全距离应大于 2m，要求使用可见光相机、红外测温仪等对线路、杆塔及设备、通道进行巡检。每一次机巡作业至少要求 2 人同行，1 人操作、1 人辅助并记录。到达作业现场后，作业人员应认真核对线路名称及杆塔号。根据作业需求和现场环境，确定无人机巡检的飞行航线和各类设备的拍摄顺序。作业人员应携带巡视线路的单线图。

2. 与其他重要设施的间隔标准

（1）严禁在机场净空保护区以及民航航路、空域航线范围（机场跑道向两端延伸 20km、向两侧延伸 10km 的一个长方形范围）内飞行。

（2）禁止在铁路两侧各 500m 范围内开展多旋翼无人机巡检作业，严禁跨越铁路。在上述范围内，确因作业需要飞行多旋翼无人机的，应当按照规定获得批准，采取必要的安全防范措施，并提前通知铁路运输企业。

（3）高速公路左右两侧保护区外 30m 以内的线路不应使用无人机进行巡检。多旋翼无人机严禁跨越高速公路。

3. 机巡作业流程

机巡作业流程如图 4-15 所示。

（1）执行无人机巡检作业任务，必须明确作业任务详细内容，做好安全风险评估及应对措施，并做好配电网无人机巡检的记录。

（2）巡检作业人员在执行任务时，对人身、电网、设备的安全负责，不得擅自更改作业任务，扩大作业任务范围，有需要扩大任务范围时，必须按要求重新办理相关流程。

4. 机巡作业具体内容

机巡作业内容主要包括导线、隔离开关和跌落式熔断器、柱上开关、台式变压器及配电箱、电缆线路外露部分、郊区低压线路及设备、附属设施、通道及电力保护区范围等，巡检内容见表4-8，飞行中应重点关注。

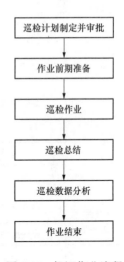

图 4-15　机巡作业流程

表 4-8　　　　　　　　　配电网无人机巡检内容一览表

巡检对象		检查10kV架空导线、隔离开关和跌落式熔断器、柱上开关、台式变压器及配电箱、电缆线路外露部分、郊区低压线路及设备、附属设施、通道及电力保护区有无以下缺陷、变化等情况	巡检手段
配电网架空线路	地基与基面	回填土下沉或缺土、水淹、冻胀、堆积杂物等	可见光
	杆塔基础	明显破损、疏松、裂纹、露筋等，基础移位、边坡保护不够，防洪和护坡设施损坏、坍塌，基础螺栓未封堵等	

续表

巡检对象		检查 10kV 架空导线、隔离开关和跌落式熔断器、柱上开关、台式变压器及配电箱、电缆线路外露部分、郊区低压线路及设备、附属设施、通道及电力保护区有无以下缺陷、变化等情况	巡检手段
配电网架空线路	杆塔	杆塔倾斜、塔材变形、锈蚀，塔材、螺栓、脚钉缺失等；混凝土杆未封杆顶、破损、裂纹；危及安全的鸟巢、飘挂物等；防撞警示标志缺失等	可见光
	接地装置	断裂、锈蚀，螺栓松脱，接地体外露、缺失、位移，连接部位有雷电烧痕等	
	拉线及基础	拉线金具等被拆卸、拉棒锈蚀、拉线松弛、断股、锈蚀、基础回填土下沉或缺土；拉线与带电部分的最小间隙不符合有关规程的规定；跨越道路的水平拉线（高桩拉线）对地距离不足；防撞警示标志缺失等	
	避雷器	避雷器破损、变形，引线松脱；放电间隙变化、烧伤、位移；脱扣器脱落；与其他设备的连接不牢等	
	绝缘子	伞裙破损、污秽、有放电痕迹；弹簧销缺损；钢帽裂纹、断裂；铁脚和铁帽锈蚀、松动、弯曲现象；绝缘子严重偏移；扎线松弛、开断、烧伤等	
	架空导线	散股、断股、损伤、断线、放电烧伤；悬挂飘浮物；三相弧垂过紧、过松；导线在线夹内滑脱；连接线夹螺母脱落、锈蚀、有电晕现象；导线缠绕、覆冰、舞动、风偏过大、对交叉跨越物距离不够；绝缘导线的绝缘层、接头损伤、严重老化、龟裂和进水等	可见光
	金具	锈蚀、歪斜、变形，螺栓松动等	
	线夹	线夹断裂、裂纹、磨损、销钉脱落或锈蚀等	
隔离开关和跌落式熔断器	设备本体	裂纹、闪络、破损及脏污；熔丝管弯曲、变形；操动机构锈蚀；各部件的组装松动、脱落等	可见光
	连接部件	触头间接触不良、烧损、熔化；金属部件锈蚀等	
柱上开关	设备本体	外壳损伤、变形、锈蚀；操动机构变形；套管明显裂缝、损伤、放电痕迹等	可见光
	自动化装置	自动化装置（包括户外电压互感器及自动化终端等）指示异常、二次控制电缆脱落；自动化终端箱体封口密封不良	
台式变压器及配电箱	台架、基础设施	台架本体受损，台架底座槽钢锈蚀；电杆倾斜、下沉，基础不牢等	可见光
	变压器、配电箱	变压器及其附属设备缺失，套管污秽，有裂纹、损伤、放电痕迹，油位异常，渗漏油痕迹；各个电气连接点锈蚀和烧损；外壳锈蚀；接地引下线断线、被盗等；低压配电箱生锈、破损、密封不严；安健环缺失或标识错误等；杂物	

巡检对象		检查 10kV 架空导线、隔离开关和跌落式熔断器、柱上开关、台式变压器及配电箱、电缆线路外露部分、郊区低压线路及设备、附属设施、通道及电力保护区有无以下缺陷、变化等情况	巡检手段
电缆线路	电缆终端头	破损，线耳烧断，与引线之间的连接松动、脱落	可见光
	附件	电缆附件缺失；电缆引上保护管封堵缺失	
郊区低压线路及设备	低压电杆	电杆倾斜、裂纹，基础下沉、上拔，周围回填土不足、附近有开挖施工情况，位于机动车道旁受外力破坏，安全距离不足等	可见光
	拉线、金具	拉线基础周围土壤松动、缺土、浅埋、上拔或下沉，松弛、断股、张力分配不均、被盗，拉棒、螺栓等金具变形、锈蚀，防撞警示标志缺失；横担锈蚀、歪斜、变形和脱落，固定横担的 U 形抱箍或螺栓松动；金具锈蚀、变形，螺栓缺帽，开口销锈蚀、断裂、脱落等	
	低压绝缘子	绝缘子磨损、裂纹、生锈或脱落、严重偏移、歪斜；扎线松弛、开断等	
	低压导线	导线的弧垂不平衡，过紧、过松，导线接头（连接线夹）变色、裸露，导线的绝缘层、接头损伤，绝缘层严重老化、龟裂和进水，导线有损伤痕迹，驳接线口处绝缘胶布脱落等；防倒供电装置不完好	
配电线路和设备发热情况	电缆线路	电缆终端头连接点、电缆头整体等温度过高	红外测温
	配电变压器	本体、套管及高低压侧接线柱、油箱壳等部位温度过高	
	10kV 户外柱上开关、负荷开关、隔离开关	本体或外部连接点、隔离开关及负荷开关触头等温度过高	
	10kV 避雷器	避雷器整体温度过高	
	10kV 跌落式熔断器及带电线环	跌落式熔断器两侧的接线端子、带电线环的夹头温度过高	
	10kV 架空导线及金具	导线靠近连接件侧部位、高压引线、导线上各类线夹、接驳点等温度过高	
附属设施	各种监测装置	缺失、损坏，显示异常、停止工作	可见光
	杆号、警告、防护、指示、相位等安健环设施	缺失，损坏，字迹或颜色不清、锈蚀，标识错误等	
通道及电力线路保护区（周边环境）	建（构）筑物	有违章建（构）筑，导线与建（构）筑物安全距离不足等	激光雷达、可见光
	高秆植物	与配电网设备安全距离不足等	
	施工作业	有危及配电网设备安全的施工作业	可见光

续表

巡检对象		检查 10kV 架空导线、隔离开关和跌落式熔断器、柱上开关、台式变压器及配电箱、电缆线路外露部分、郊区低压线路及设备、附属设施、通道及电力保护区有无以下缺陷、变化等情况	巡检手段
通道及电力线路保护区（周边环境）	火灾	配电网设备附近有燃放烟火，有易燃、易爆物堆积等	可见光
	交叉跨越变化	出现新建或改建电力、通信线路、道路、铁路、索道、管道等	
	防洪、排水、基础保护设施	大面积坍塌、淤堵、破损等	
	自然灾害	地震、冰灾、山洪、泥石流、山体滑坡等引起通道环境变化	
	道路、桥梁	巡线道、桥梁损坏等	
	污染源	出现新的污染源或污染加重等	
	采动影响区	出现新的采动影响区，采动区出现裂缝、塌陷，对配电网设备有影响等	
	其他	线路附近有人放风筝、有危及配电网设备安全的飘浮物、采石（开矿）、射击打靶、藤蔓类植物攀附杆塔	
其他	障碍清除	线路上有风筝、有危及配电网设备安全的飘浮物，杆塔上有鸟巢、蜂窝，配电网设备附近有安全距离不足的植物	喷火或发热丝无人机、激光清障仪

5. 无人机数据采集

作业人员利用无人机控制器的平板或手机巡查配电网线路或设备情况，并用无人机可见光、红外测温相机拍摄，激光雷达采集线路通道点云数据。每段线路按照地形高度，设定飞行航线及飞行高度，需确保完整采集被巡线路及设备的所有信息。

（1）可见光精细化巡检。精细化巡检适用于日常巡视、工程竣工验收、特殊巡视等作业任务。

1）粗略悬停。

①无人机飞向目标的过程中，先拉高，跨越障碍物飞向目标点，尽量避免各种干扰，确保出现紧急情况时，也有足够的空间执行补救措施，不得低空穿越。

②飞向目标的过程中，飞行速度宜保持在 7～8m/s，不宜过慢或过快，避

免浪费电池或无人机姿态不稳，以免意外。

③抵达目标正上方时，逐渐降低高度，在距离作业点水平距离约10m左右，降低速度，缓慢调整高度和水平距离，调整无人机位置，使得拍摄对象出现在视频监视器中。

2）精确对准目标。

根据作业需求，结合现场环境，确定精细化的飞行航线，确定各类设备的拍摄顺序，留出足够的返航时间。无人机保持高度并向前缓慢运动，逐渐靠近被拍摄设备，在距离设备2～3m时，应注意：

①出现逆光时，实时调整无人机位置，避免逆光。

②操作时不得离开遥控器。

③无人机应在导线上方飞行，如遇巡视线路上方有交叉跨越线路且线间距离不满足安全飞行时，应选择从巡视线路旁边或交叉线路上方飞行。

3）拍照对象及拍照顺序。

①对于杆塔：悬停或缓慢通过杆塔时，按照飞行前进方向，先整体后局部、从上到下的原则拍摄，整体照片应覆盖杆塔上全部设备或部件。

②对重点部件（导线连接部位、金具、绝缘子等）进行精细化巡视，要求被观察对象处于屏幕中央，并清晰对焦。

可见光照片拍摄顺序、拍摄对象及拍摄数量见表4-9。

表4-9　　　　　　　　　拍　摄　要　求

拍摄顺序	拍摄分类	拍摄对象	拍摄数量（张）	备注
1	整体	杆塔整体全景照片（含杆塔整体、绝缘子、基础等）	1	—
2		线行通道	2	大、小号侧各拍1张
3		安健环（含杆塔号、警示牌、台区及开关编号等）	1	如无人机无法下降高度则放弃拍摄，但应做好登记，以免记错杆塔号
4	重点部件	俯视塔顶（含挂点、金具、绝缘子、跳线）	1	需能看清销子级缺陷、雷击点
5		横担及导线、绝缘子、金具、台式变压器、开关、避雷器等	4	分前、后、左、右四个方位拍摄，需能看清销子级缺陷

续表

拍摄顺序	拍摄分类	拍摄对象	拍摄数量（张）	备注
6	重点部件	拉线	各 1	每个拉线基础各拍 1 张
7		杆塔基础	1	前面图片能包含则无须再重复拍摄

注 可结合现场实际增加拍摄数量；若能将所需拍摄的内容全部涵盖且清晰，也可以适当减少拍照数量。

4）拍摄注意事项。作业人员应保证所拍摄的对象无遗漏、清晰度良好、亮度均匀。拍摄过程中，须尽量保证被拍摄主体处于相片中央位置，所占尺寸为相机取景框的 60%以上，且处于清晰对焦状态，保证销钉级元件清晰可见，如图 4-16 所示。

图 4-16　可见光数据采集示例

5）拍摄照片检查。拍摄完应对所拍摄的照片立即进行检查，如有对焦不准、曝光不足等质量问题或漏拍的情况，应补充拍摄。

（2）快速巡检。快速巡检适用于配电网规划、现场施工安全督查、特殊巡视等作业任务。

快速巡检时，不要求对杆塔进行全覆盖拍摄。作业人员利用无人机搭载检测设备对重点关注部件或通道进行检查，发现疑似缺陷时使用无人机多角度拍照进行检查确认。

使用无人机开展现场施工安全督查,注意与施工人员保持 10m 以上的安全距离,不能影响其安全、正常施工。

(3)红外测温作业。适用于日常巡视、特殊巡视等作业任务。与被检测设备保持在 3m 以上的安全距离,使用红外无人机对被检测设备进行检查,根据被检测设备的大致温度范围调节最高温、最低温来缩小温度区间,达到凸显发热区域的效果,操作时应对所有应测部位进行全面扫描,对发热部位和重点检测设备进行准确测温,要求获取的图像清晰明了,并多角度拍照确认,对获取的数据进行分析。

(4)通道测距、建模作业。通过无人机搭载激光雷达等检测设备或可见光无人机倾斜摄影模式,对配电架空线路进行线行通道巡视,采集通道数据,通过数据处理软件计算出通道附近的建筑物、构筑物、高秆植物、交叉跨越物等与配电网设备的安全距离,经常发生树障跳闸的通道可建立三维模型或进行多工况预警分析,实现对配电网架空线路通道安全隐患的准确掌握。

6. 应急处置

(1)当无人机出现丢失图传或数传时,应做好以下措施:

1)尝试调整天线方向,移动遥控器位置,加大遥控器与无人机的通信空间,并第一时间拉高无人机,留意无人机所处位置,无图传的情况下勿盲目操作。

2)如图传恢复,则可视情况而定是否继续尝试按原计划作业;如图传或数传无法恢复,则切换到自动返航模式,如无法切换可尝试关闭遥控器触发失控返航。

(2)当无人机出现电量过低不足以返航时,应做好以下措施:

1)飞行时应时刻关注电量,保留返航电量裕度,返航时电量不低于 30%,且应根据飞行距离判断所需电量,返航降落后剩余电量 20%。

2)如遇无人机余电不足以返航时,应就近选择安全处降落无人机。

3)返航过程中留意应急迫降点,优选能辨别的乡间小路、杆塔附近,同时其他人员打包作业装备,无人机降落后,立即前往无人机迫降点。

(3)电池电压不足,应做好以下措施:在飞行器电池电压单芯低于 3.5V 时,应该选择就近平地降落。飞行器降落速度不得大于 3m/s,避免飞行器失稳,应采用边降低高度、边调整水平距离的模式降落。使用其他特殊电池的无人机在作业过程中也应预留足够的电量。

降落前，应确认飞机脚架已放下，以免直接冲击搭载的装备，造成损坏。

7. 作业结果记录、汇总

按照拍摄记录，将照片数据分类整理。在配电网线路及设备初次机巡后，建立可视化图档资料，并结合变化情况滚动修编。记录并汇报无人机巡视结果，按 PDCA（即 plan—do—check—action）方式闭环管理作业中发现的隐患和缺陷，定期总结机巡作业经验和成效。

第三节　智 能 运 维 策 略

一、评价方法

（一）设备重要度评价

分别从设备故障可能造成的事件后果、设备价值及对重要用户的供电情况三个方面对设备重要度进行评价，评价结果由高到低分为"关键、重要、关注、一般"四个级别，取三个方面评价结果的最高级别作为该设备重要度级别。

1. 依据设备故障后果

分析设备发生故障后可能导致的电力安全事故事件严重程度：

（1）故障存在引发一般及以上电力安全事故可能的，该设备定为关键设备。

（2）故障存在引发一级电力安全事件可能的，该设备定为重要设备。

（3）故障存在引发二、三级电力安全事件可能的，该设备定为关注设备。

（4）上述情况以外的设备均定为一般设备。

2. 依据设备价值

依据南方电网发布的设备采购指导价确定：

（1）单一变电设备价值在 1000 万元及以上的，定为关键设备，如 500kV 变压器。

（2）单一变电设备价值 800 万～1000 万元的，定为重要设备，如容量为 240MVA 的 220kV 变压器。

（3）单一变电设备价值 500 万～800 万元的，定为关注设备，如容量低于

240MVA 的 220kV 变压器。

（4）除上述设备外的设备定为一般设备。

3. 依据对重要用户供电的影响

（1）依据政府相关部门批复的年度重要用户目录确定：

1）设备故障将直接引发特级重要用户供电中断的，定为关键设备。

2）设备故障将直接引发一级重要用户供电中断的，定为重要设备。

3）设备故障将直接引发二级重要用户供电中断的，定为关注设备。

4）上述情况以外的设备均定为一般设备。

（2）直接引发重要用户供电中断的情况包括：

1）各种运行方式下，单一主变压器、单一母线、单一输电线路（包括同塔架设多回线路、同沟敷设多回电缆）故障或跳闸等。

2）直接引发重要用户供电中断的其他情况。

（二）设备健康度评价

按照网省公司设备状态评价管理规定和技术标准要求，将设备健康度分为"正常、注意、异常、严重"4 个级别。各地市供电局应根据设备运营情况，收集设备的状态信息，开展设备状态评价工作。

（1）当设备健康状态主要参量发生改变时，各地市供电局应及时对相关设备开展动态状态评价，重新确定设备健康度，动态评价的启动条件包括：

1）设备风险通知书。

2）新投运设备。

3）电网公司发布批次缺陷后。

4）反事故措施发布、执行后。

5）发生特殊工况（如变压器遭受短路冲击、断路器开断故障电流等）后。

6）缺陷发生或消除后。

7）设备不正确动作后。

（2）对于设备故障、障碍及按照处理时限要求处理完毕的紧急、重大缺陷，且处理后恢复至正常的，可不进行动态状态评价。

（三）设备管控级别

各地市供电局应根据设备健康度和重要度评价结果，按照设备风险矩阵

（见图 4-17）确定设备的管控级别，设备管控级别从高到低划分为"Ⅰ级、Ⅱ级、Ⅲ级和Ⅳ级"。

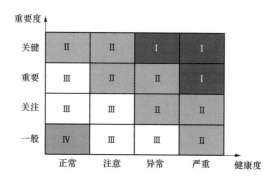

图 4-17   设备风险矩阵

二、变电智能运维策略

1．运维策略制定

根据设备运维管理工作和风险控制要求，生产技术部组织相关部门制定变电设备运维策略（见附录 A），并定期开展修编。

2．运维计划编制

（1）根据运维策略，制定年度、月度、周（日）运维计划。运行部门应综合考虑设备巡视维护情况、设备状态评价和风险评估结果、保供电、季节性要求、外部环境及气候变化等情况，实时调整、滚动修编运维计划。

（2）变电站智能巡视终端主要包括巡视机器人、巡视无人机、视频终端及其他在线监测终端等。各单位应依据变电站智能巡视终端配置情况最大程度实现智能巡视工作。

（3）配备多种智能终端设备时，不同智能终端的巡视项目以高效、高质为原则，保证设备巡视项目完全覆盖。当智能巡视终端无法覆盖智能巡视运维策略的全部项目时，未覆盖部分项目应按常规运维策略的计划周期执行。

3．运维策略执行

（1）日常巡视、专业巡维工作应与设备管控级别联动，动态巡维工作应与电网运行方式、保供电任务、设备运行状态、外部因素（如气象、环境因素）

等联动，停电维护工作应与设备停电计划联动。各专业应按照保供电方案开展具体保供电任务。对于有五防锁的机构箱，在箱体密封良好情况下，日常巡视、专业巡维、动态巡维可不打开箱体，但在机构箱维护及按季节性巡视策略表开展防潮特巡时，需要打开箱门进行检查维护。

（2）变电一次设备的日常巡视、专业巡维（包括一次设备巡视、特殊保供电巡视等）工作以间隔为基本单元，按间隔内最高管控级别设备的日常巡视工作周期，开展间隔内一次设备的日常巡视、专业巡维工作。

（3）对于母线范围内设备，按其最高管控级别设备的日常巡视工作周期，开展日常巡视工作。

（4）变电一次设备的监察性巡视及夜巡工作以变电站为基本单元，按站内最高管控级别设备对应的工作周期，开展全站所有一次设备的巡视工作。

（5）Ⅰ、Ⅱ级管控设备的运维工作由公司生产技术部组织监督，各地市供电局按照设备运维策略要求开展，电力科学研究院提供技术支持。

（6）Ⅲ、Ⅳ级管控设备的运维工作由各地市供电局按照设备运维策略要求开展，电力科学研究院提供技术支持。

（7）定期开展运行数据分析，形成常态机制。通过横向、纵向数据分析，掌握设备运行状态变化趋势，提前发现设备缺陷、隐患，采取有效措施预控设备运行风险。

4. 管控级别调整

（1）当影响设备健康度或重要度的相关因素发生变化时，应根据设备风险矩阵动态调整设备管控级别。涉及Ⅰ、Ⅱ级设备管控级别的变更，且预估持续时间超过1个月的设备，由公司生产技术部审批；其他管控级别的变更均由韶关供电局审批。

（2）管控级别调整后，设备的日常巡维、专业巡维工作以上一次工作日期为起点，按调级后的运维工作周期确定下一次工作时间。

（3）对于基于问题的电网风险，调度部门应按相关规定提前发布电网风险预警通知书，变电运行管理人员应在电网风险预警通知书发布后根据电网风险调整设备的管控级别，对于调级后管控级别为Ⅰ、Ⅱ、Ⅲ级的变电一次设备，应在风险生效前完成一次日常巡视和红外测温。其中Ⅱ级及以上等级的风险，应在风险生效前 2 天内完成；其他风险等级可根据设备管控级别确定。对于 II 级设备在风险生效前 3 天或III级设备在风险生效前 7 天内已开展过的，本次可不开展。风险生效期间，按调整后的设备管控级别对应的管控策略开展运维；若风险生效期小于运维管控策略周期，则风险生效期间至少开展一次日常巡视和红外测温。巡视结果及时向相应的设备管理部门及调度部门反馈。

（4）对于保供电引起的设备管控级别调整，市场部、系统部等相关部门应分别提前发布保供电范围内重要用户清单和相应设备的重要度，变电运行管理人员应根据重要度变更情况，及时调整设备的管控级别。

5. 运维绩效分析

（1）生产技术部应组织收集设备运行信息，分析、评估设备运维开展效果，进行关键绩效指标（key performance indicator，KPI）分析，查找短板，并持续改进。KPI 指标可分为过程类和效果类指标，过程类可包括生产计划完成率，效果类指标可包括综合强迫停运率、综合可用系数、故障（事故、事件）缺陷比。

（2）生产技术部应定期对设备运维情况进行回顾总结，定期分析所辖设备的运行情况，专项分析设备事故和重大质量问题，并形成设备运行分析报告。

6. 变电站智能巡视

（1）智能巡视是指在变电站内利用可辅助或取代人工巡视的智能终端（包括机器人、无人机、视频监控终端、在线监测系统等）开展的变电设备巡视工作。

（2）变电站智能终端通过验收后，应进行不少于 1 个月的试运行，试运行合格后，经变电运行部门负责人审批后方可正式投入运行。

（3）智能巡视终端正式运行后，智能巡视与常规人工巡视应双轨运行不少于 3 个月时间。

（4）当受恶劣天气、改（扩）建现场施工或智能巡视终端故障时，应及时恢复常规人工巡视策略，以上一次智能终端巡视的日期为起点，确定下一次人工巡视时间。

（5）在特殊时段或特殊天气前后，应充分利用智能终端远程功能开展特巡，根据智能终端的功能特点结合智能终端的自身优势，发挥其特长。

（6）应定期开展运行专业巡视，比对巡检结果，对变电站智能终端运行情况、巡检数据准确性进行分析。若发现巡检误差超过允许范围，应暂停智能巡视策略，恢复人巡策略并开展智能终端的维护，验收合格后恢复智能巡视策略。

（7）智能巡视终端使用单位定期对变电站智能终端运行情况进行分析。

（8）定期开展数据分析，形成常态机制。通过横向、纵向数据分析，掌握设备运行状态变化趋势，提前发现缺陷、隐患，采取有效措施预控设备运行风险。

（9）通过智能巡视终端开展日常巡维、动态巡维、季节性巡视。智能巡视终端无法巡视的设备保持常规运维策略周期，当智能巡视终端故障时，应恢复常规运维策略周期。

三、输电智能运维策略

1. 运维策略制定

依据公司数字输电线路运维策略（见附录B）及年度集约化机巡作业计划，制定运维工作计划，确保对线路本体、附属设施及线行通道的适当巡检频率。

2. 运维策略执行

（1）输电线路运维工作主要包括：日常巡维、特殊巡维（特殊巡视、动态巡视、专业检测）、预防性试验及检修维护。日常巡维工作应与输电线路管控级别联动，特殊巡视及专业检测工作应与输电线路重要度联动，动态巡视与电网运行风险、保供电任务、气象状况等联动，预防性试验及检修维护工作应根据周期要求或线路状况开展。

（2）在架空线路日常巡维工作中，对于可开展机巡作业的线路区段，主要由直升机、多旋翼无人机自动驾驶开展输电线路的精细化巡视，以及直升机、固定翼无人机、多旋翼无人机、视频监控开展线路通道巡视，人工补充巡视辅助对线路杆塔基础等机巡不易发现的设备缺陷和隐患进行巡视检查；对于不能开展机巡作业的线路区段，可采用巡检机器人、高倍相机、人工登塔方式开展精细化巡视，以及地基雷达、背包雷达、机器人、视频监控开展通道巡视，人工补充巡视辅助对智能设备不易发现的设备缺陷和隐患进行巡视检查。

（3）在架空线路特殊巡维（特殊巡视、动态巡视、专业检测）工作中，主要以直升机、固定翼无人机、多旋翼无人机作业、图像视频监控、机器人等智能作业方式开展，人工巡视作为辅助。在预防性试验及检修维护工作中，主要以人工方式开展，可试点开展直升机带电检修作业。

（4）细化明确输电线路特殊区段划分标准，建立并完善输电线路特殊区段审核发布以及动态更新机制。输电线路班组应根据环境及情况的变化动态更新。

（5）Ⅰ、Ⅱ级管控输电线路的运维工作由公司生产技术部督导，韶关供电局按照输电线路运维策略要求开展，机巡作业中心及电力科学研究院提供技术支持。

（6）Ⅲ、Ⅳ级管控输电线路的运维工作由韶关供电局按照输电线路运维策略要求开展，机巡作业中心及电力科学研究院提供技术支持。

3. 管控级别调整

（1）当影响输电线路健康度或重要度的相关因素发生变化时，应根据输电线路风险矩阵动态调整输电线路管控级别。对于管控级别提升至Ⅰ级或Ⅱ级，且预估持续时间超过 1 个月的输电线路，由公司生产技术部审批；其他管控级别的变更由韶关供电局审批。

（2）针对基于问题的电网运行风险或保供电任务，应及时调整输电线路的重要度及管控级别，并按照调整后的管控级别及重要度开展日常巡维、特殊巡维及专业检测工作，巡维结果及时向本单位生产技术部及相应部门反馈。

（3）管控级别或重要度调整后，输电线路的日常巡维、特殊巡维工作以上一次工作日期为起点，按调整后的运维工作周期确定下一次工作时间。

（4）在风险生效前 10 天发布正式电网风险通知单，对于正式发布的电网风险所相关的保供电线路，输电线路运维部门应该在风险生效前 10 天内开展有针对性的全线巡维工作；对于无法提前 10 天发布的临时性停电电网风险所相关的保供电线路，按照调整后的运维策略开展运维工作，风险生效前开展有针对性的特殊区段巡维工作。

（5）对于存在一级事件及以上严重后果和 220kV 及以上线路存在二级事件严重后果的基于问题的电网运行风险，应按照公司的管理要求，积极与机巡作业中心及电力科学研究院协同合作，发挥各自优势，共同开展输电线路运行风险防控工作。

（6）在气象突变（大风、强降雨及寒潮等恶劣天气）前后，条件允许时，应针对线路相应的特殊区段及时开展动态巡视。

四、配电智能运维策略

为进一步明确配电网运维策略，切实提升设备运行维护水平，强化配电网运行维护工作的有效性，韶关供电局在 Q/CSG 1205003—2016《中低压配电运行标准》的基础上修编成的具体巡视要求如下。

（1）配电线路、设备及设施的巡视分为定期巡视、特殊巡视、夜间巡视、故障巡视和监察性巡视，共五类。

1）定期巡视是由配电运行人员按一定周期进行的一种巡视，其目的是掌握配电设备运行状况及沿线环境变化情况。定期巡视期间应做好护线宣传工作。

2）特殊巡视是指在有重要保供电任务、恶劣自然条件（如暴雨、高温、台风等）、河水泛滥、火灾、梅雨季节及其他特殊情况时，对配电设备全部或部分进行的一种巡视或检查，其目的是掌握特殊情况下配电设备的运行情况。特殊巡视应由 2 人或以上进行。

3）夜间巡视是在线路高峰负荷或阴雾天气时进行的一种巡视，其目的是检查配电变压器有无过负荷、导线及电缆接头处有无异常发热、开关柜等接头处有无过热及绝缘子表面有无闪络等。夜间巡视应由 2 人或以上进行。

4）故障巡视是指配电设备发生故障或异常情况时，为查找故障点和掌握设备损坏情况，在配电设备故障发生后及时进行的一种巡视，故障巡视宜由 2 人或以上进行。

5）监察性巡视由配电管理部门、配电运行单位领导和技术管理人员进行，目的是了解线路及设备的运行情况，检查、指导运行人员的工作。

（2）配电运行部门应根据配电线路、设备及设施的重要程度、沿线情况、历史运行数据、季节特点以及状态评价等制定巡视计划，计划执行情况应有检查、总结。

（3）配电运行部门应明确配电线路、设备、自动化系统及设施巡视的内容及要求，建立健全巡视检查责任制，定期或不定期检查巡视人员工作情况。

（4）配电运行部门应结合巡视工作做好配电线路、设备及设施的专项检测工作，重点做好：

1）线路及设备接头、线夹测温。

2）电缆接头测温。

3）接地电阻测试。

4）线路交叉跨越距离、导线弧垂测量。

5）开关柜局部放电检测。

6）负荷测量、首末端电压测量。

（5）检测所用仪器、设备应定期检查、检验，确保其准确、完好。

（6）检测人员应掌握所用仪器、设备的性能及使用方法，测试数据应准确，记录清晰、规范、简洁。

（7）配电运行部门做好检测数据的统计分析，找出隐患发生的规律和特点，并依此制定防范措施或办法。

（8）巡视检测周期。配电线路、设备的定期巡视、检测周期参见表4-10。

表4-10　　　　　　　　　配电线路、设备定期巡视、检测周期

序号	作业任务	周期	备注
1	中压线路日常巡视（通道巡视）	自主无人机巡视：每年两次（5～6月、11～12月）	不具备无人机巡视的线路（禁飞区段、无信号区段），按每两个月一次开展人工巡视
2	中压线路日常巡视（精细化巡视）	自主无人机巡视：每年两次（1～4月、7～10月）	不具备无人机巡视的线路（禁飞区段、无信号区段），按每两个月一次开展人工巡视
3	电缆线路及电缆通道日常巡视	每月1次	—
4	低压线路日常巡视（人工巡视）	每6个月1次	—
5	防外力破坏特巡	每月至少一次，视情况缩短周期	在外力破坏、线下建房、线下施工等情况下开展
6	防风防汛特巡	（1）市局发布防风防汛预警或启动应急响应后。 （2）每年4月底前完成防洪防涝等设施巡视排查。 （3）4～9月对一、二级洪涝风险配电设施的巡视维护，每月开展1次特殊巡视。 （4）台风、暴雨等恶劣天气后开展	台风、暴雨等恶劣天气前后开展防风防汛特巡，重点关注： （1）杆塔基础、护坡、线路设备是否正常。 （2）配电房排水设施是否良好，驱潮设施运行是否正常。 （3）线路周边黑点（简易棚架等）是否采取防护措施

序号	作业任务	周期	备注
7	防凝冻特巡	气温突降、冰冻等恶劣天气前后	凝冻天气期间或发布防凝冻预警时，对重冰区特殊区段进行巡视
8	保供电特巡	特级：每天 1 次，对关键、重要设备进行特巡特维（红外、局部放电、负荷监控），每 3 天 1 次全线线路设备巡视。 一级：每两天 1 次，对关键、重要设备进行特巡特维（红外、局部放电、负荷监控），每周 1 次全线线路设备巡视。 二级：每 7 天 1 次，对关键、重要设备进行特巡特维（红外、局部放电、负荷监控），每月 1 次全线线路设备巡视	特殊巡视可结合日常巡视开展，日常巡视有效期为 15 天
9	电网风险特巡	市局电网风险预警发布后，启动执行。发布起至检修前的时间段内，至少对主供环网线路进行全线线路设备巡视 1 次，其中对关键、重要设备开展特巡特维（红外、局部放电、负荷监控）1 次；对备供环网线路的关键、重要设备进行特巡特维 1 次	—
10	夜间巡视	每年至少开展 1 次	（1）对负载超 80%及以上线路，主要检查连接点有无过热现象。 （2）3～4 月对照污区分布图，对重度污区线路在阴雾天气时开展，主要检查绝缘子表面有无闪络放电
11	监察性巡视	每季度至少开展 1 次	按需开展
12	故障巡视	故障发生后执行	—

（9）定期巡视的主要范围：

1）架空线路、电缆及其附属电气设备。

2）柱上变压器、柱上开关设备、中压开关站、配电室、箱式变电站等电气设备。

3）防雷与接地装置、配电自动化终端、直流电源等设备。

4）架空线路、电缆通道内的树木、违章建筑及悬挂/堆积物，周围的挖沟、取土、修路、放炮及其他影响安全运行的施工作业等。

5）电缆管、沟（隧道）及相关设施。

6）中压开关站、环网单元、配电室的建筑物和相关辅助设施。

7）各类相关的运行、警示标识及相关设施。

（10）特殊巡视的主要范围：

1）存在外力破坏可能或在恶劣气象条件下影响安全运行的线路及设备。

2）设备缺陷近期有发展和有重大（紧急）缺陷、异常情况的线路及设备。

3）重要保电任务期间的线路及设备。

4）新投运、大修预试后、改造和长期停用后重新投入运行的线路及设备。

5）根据检修或试验情况，有薄弱环节或可能造成缺陷的线路及设备。

6）其他危及人身安全的电网设备隐患，如交叉跨越、跨越油气管线等。

第五章　网格化智能运维探索

经过多年的探索，韶关供电局智能运维取得了一定的成效：设备巡视实现无人机自主巡视替代人工巡视，巡视效率明显提升；缺陷隐患识别逐步实现由人巡识别向机器识别转变，缺陷识别能力逐步提升；运维模式从巡检一体向巡检分离转变，管理模式得到优化。无人机的应用很大程度上推动了输变配电智能化运维的发展，提升了供电可靠性和劳动生产效率，但仍存在一些亟待解决的痛点问题：

1. 技术无法完全满足业务需求

无人机续航能力较差，无人机的飞行时间只有 30min，单机单次智能巡检 3km，无法满足大范围巡检需要。人机"绑定"紧密，变电站和线路分布广，需要运维人员开车携带无人机不停转移，亟需远程调度支持。另外，巡视数据量巨大，每次任务产生数百吉字节（GB）图片，而缺陷识别上还无法满足对所有缺陷进行智能识别，也需要进一步提升智能技术支持。

2. 跨专业资源调度难

在韶关供电局当前的运检模式下，所辖范围内的输电、变电、配电巡检作业根据专业分工，分别由变电站、输电管理所、供电所等多部门自行实施、各自为战，在各个专业部门内部又分别有线路检修、变电一次、变电二次等专业划分。在设备运检管理过程中，各专业部门往往从自身专业出发提出需求和管理要求，各专业之间横向沟通不畅，关联性不强，难以实现资源统一利用。以巡视业务的无人机为例，由于输变配电不同专业巡视资源要求不同，资源难以统一调度，导致大量无人机闲置，整体利用率低。

3. 电网设备运检过程控制难度大

由于现有模式下，各专业之间采取垂直管理，相关流程设置也根据垂直管理要求进行安排，而韶关供电局的生产计划、检修计划、优质服务工作等均需根据整个公司系统进行整体考虑，当各专业计划与公司整体计划相冲突时，往往导致相关管理流程不畅。以公司停电计划为例，由于各专业单位均根据自己单位要求提出需求，在计划平衡环节往往由于各专业坚持自己的计划而导致计划平衡困难，在计划实施环节常常由于其他专业计划变动而导致计划实施困难，进而导致项目过程控制难度很大。现有模式下的计划管理流程图如图 5-1 所示。

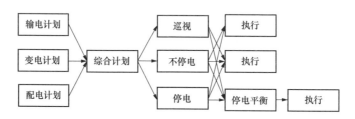

图 5-1   现有模式下计划管理流程图

现有模式下设备专业管理各自为政，无法适用新形势下设备巡检管理要求，针对现有输变配电巡检业务存在的问题，从资源集约化的角度出发，打破专业界限，充分融合输变配各专业特点，韶关供电局开展了输、变、配电网格化智能运维管理探索。

第一节   网格化管理概述

一、网格化概念

网格化管理可以追溯到国外街区管理的做法，其主要的思想是运用地理信息（如小区、街道、河流等），以适当的地理面积单位，将所管理的大区域划分成若干个网格状的小单元，并以小单元作为管理的最细颗粒度，实施全时段监控，明确各级管理责任人，实现增加管理的有效性和掌握信息的快速性等目标。从管理学和系统科学的角度出发，网格化管理实际是指管理中一种要素配置、信息联通、行为实施的系统化方式和机制。所谓"格"，是指管理区域或对象被划分后的空间单位，类似地块、责任区等，可大可小。所谓"网"，指的是若干个格组成的适当区域。所谓"网格化"，即各种资源被灵活、合理地配置在各个不同的格内并实现相互协作的过程和状态。

在我国，网格化管理的实践早于理论研究。2003 年，北京市工商行政管理学会就网格化管理应用在工商区域管理上带来的变化进行了研究探讨，但没有引起较大反响。直到 2004 年，北京东城区以创新思路将网格化管理运用于社会治理领域，才引起学界对于网格化管理的关注。总体来说，网格化管理是一种将管理对象进行单位划分，并以此作为责任单位工作载体和平台，实施扁平化、精细化、多元化和长效化服务管理的一种社会治理方式。

随着网格化管理在国内研究的不断深入，网格化管理模式在社会治理方面的应用更加深入，并在不同领域都有了相关的拓展延伸。近年来，网格化管理的相关研究已经不再局限于概念研究，而是向多领域扩展应用，包括城市网格化管理、消防网格化管理、电力设备网格化管理等，呈现出"百花齐放"的趋势。实施网格化管理主要包括以下内容。

1. 标准化的网格划分原则

构建网格化管理的第一步是必须划分各网格单元，因此必须有一定的网格划分标准，使各网格单元的构建和管理规范化，以便于网格化管理的实施。

2. 网格间的信息化联系

网格化需服务于提升整体系统运行效率的目的，而不是造成系统各部分的割裂，网格之间联系的畅通是保证网格化管理效率的基础。随着现代信息技术的发展、网络水平的提高，各部门之间的信息传递变得越来越迅捷。但网格化管理中各网格单元间的信息交流除了日常的事务性交流之外，各单元的资源现状和利用情况也必须随时为整个网格化管理系统所洞悉。

3. 网格资源的协调调度机制

网格化管理的最终目的是整合组织资源、提高组织管理效率，因此如何能够动态地调用各网格单元的资源是网格化管理成功的关键。网格化管理所关心的不仅仅是各网格单元间的信息交换，更重要的是对各网格单元资源的直接利用和控制。网格的资源首先是隶属于各个网格单元的，因此各单元对其资源具有管理和控制权限，但这些资源也是属于整个网格系统的，网格化管理系统对该资源也应有相应的控制和管理权限。

二、网格化的应用

国内外网格化主要应用在配电网领域，如国网苏州供电公司、国网北京市电力公司、国网瑞安市供电公司。网格化配电网思路在国外的应用相比于国内略微成熟，其中具有代表性的有新加坡花瓣形配电网结构、美国"4×6"配电网结构，以及巴黎三环形配电网结构等。

（一）国外网格化应用案例

1. 新加坡花瓣形配电网结构

国内通常使用的配电网等级为 10、35kV，而新加坡所使用的为 22kV。其普遍应用的配电网结构为类似花瓣形状的方案。如图 5-2 所示，每一条母线都是从初始变电站出发，经过其他变电站最终又回到初始变电站，因此从形状上来看，这样一条母线就好像以初始变电站为中心形成了"花瓣"，变电站母线出现越多，"花瓣"数量越多，组合起来就像一朵花的形状。

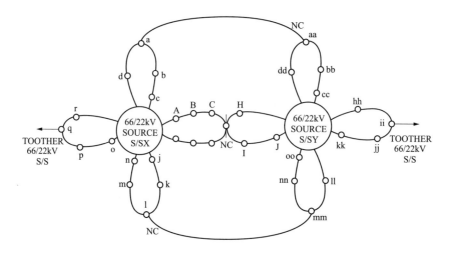

图 5-2 新加坡花瓣形配电网结构示意图

开关点被布置在每一条"花瓣"上，数量上保证每个"花瓣"不超过 10 个开关点，在负荷上保证单个"花瓣"的最大负荷不超过 15MW，因此"花瓣"在正常情况下均为独立供电，但各个"花瓣"之间有线路联络，若其中一条母线发生故障，临近"花瓣"可迅速支援。

2. 美国"4×6"配电网结构

与新加坡的闭环运行结构不同，美国的配电网一般为开环运行，除常规35kV 电压等级外还沿用 22kV 等级，最常见的接线方式为"4×6"型。即一个"4×6"网格内有四个节点，每个节点均由三条出线支路汇聚组成，也就是说每个节点连接的支路个数为 6 个，其结构如图 5-3 所示。

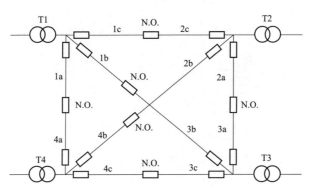

图 5-3　美国"4×6"配电网结构示意图

当故障发生时，比如其中一台变压器故障，与之相连的三条支路上断路器就会闭合，使故障变压器所负责的三条支路负载转移到正常运行的其余三台变压器上，由于三台变压器共同承担了增加的负载，因此显著提高了供电可靠性。但同时也显露出该配电网方案的弊端，即同一"4×6"单元内的四台变压器以及全部支路的型号参数必须完全一致，因此在实际应用方面存在一定局限性。

3. 巴黎三环形配电网结构

巴黎的城市配电网惯用三环形结构，而实际上三环形的中层环为半环形，如图 5-4 所示。每个环形均由数个变电站组成，并且每个变电站之间都具有双侧四回主线联络，因此该配电网的主要部分就是由这些变电站组成的环形结构，其中的每回主线排布有 7 回出线，其中 6 回为工作线，1 条为备用线，通常备用线预留给 20kV 专用线路。

在面临变电站故障时，该配电网方案的响应措施如下：由于供电区域一端出线的断路器为闭合，另一端为断开，因此若其中一变电站出现故障，其线路负荷可以转移到周围四个变电站中去；若相邻的两个变电站均发生故障，则负荷转移到附近 6 个变电站中去,与故障变电站相邻的两个变电站分别承担两个区域的负荷,稍远的四个变电站各承担一个区域的负荷。

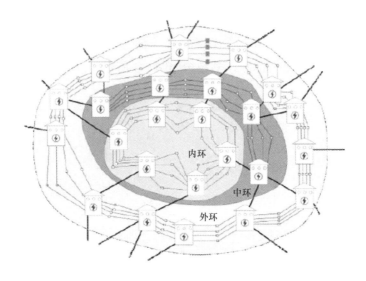

图 5-4 巴黎三环形配电网结构示意图

（二）国内网格化应用案例

1. 国网苏州供电公司网格化应用

国网苏州供电公司采用网格化规划的方法,将配电网的供电范围划分为若干个供电网格,将杂乱无章的中压配电网变得更加简洁,以每一个供电网格为单位进行规划,指出了不同网格的过渡改造方案和管理理念,并且取得了不错的成效。

另外,苏州工业园区在 2015 年成功投运了类似于新加坡的花瓣形配电网接线模式的工程示范项目,是江苏省第一个以花瓣形为接线模式的配电网。此工程最初由两个"花瓣"构成,"花瓣"内采取合环运行方式,"花瓣"之间的联系通过使用开关站内母联而实现,从而能够达到开环运行,供电可靠性高达99.9995%,达到了不间断供电的目的。

2. 国网北京市电力公司网格化应用

国网北京市电力公司在 2013 年与北京各地区政府共同发布了配电网"网格化"规划成果,供电可靠性大大提升。

此次的配电网规划突破了传统的"自上而下"的规划模式，改为"自下而上"，依据 10kV 再 110kV 的规划模式，进行差异化负荷预测和电网规划。依据建设用地中居住、工业、商业等单一功能最小化准则划分网格，从而将北京市建设用地分为 14 大类共计 4.4 万个网格。同时，依据负荷密度、行政级别以及功能定位等实际因素，进行网格划分，北京市被划分成了 566 个小区，并分别定义为 A＋、A、B、C、D 五类供电区域。

3. 国网瑞安市供电公司网格化应用

国网瑞安市供电公司依据各地区远景变电站布局和空间负荷预测的结果，将瑞安市分成了 99 个供电网格，其中有 90 个 B 类区域、9 个 C 类区域。针对每一个供电单元，将历史统计数据、员工反馈信息与负荷预测的结果相结合，制定过渡年以及目标年的配电网网架结构；以谷歌地图为基图，制定规划区域内现状年、过渡年以及远景年的中压配电网地理接线图；以配电网格为单元，分析当前配电网中存在的主要问题，确定电网结构的过渡方案，统筹制定网架建设的时序，依次解决无序建设的问题，最终形成网架清晰、联络有序的目标网架结构。

第二节　网格化智能运维体系架构

目前无人机智能运维面对的主要问题，是运维业务效率提升对资源进一步整合的要求与各地区和输、变、配电专业间相对孤立、难以互动的现状之间存在的矛盾，如无人机、操作人员以及配套设施等机巡资源在地区上分布不合理，无法实现跨专业的共享。网格化管理作为一种先进的资源配置管理方法，其主要思想是基于网格细分实现资源和要素的重新配置，打破职能划分的专业壁垒，能较好地契合智能运维的问题现状。因此，韶关供电局以输变配电专业融合为基础、网格化管理为核心，构建了网格智能运维的整体体系架构。

一、架构设立原则

纵观企业组织发展历史，企业组织结构一直在不断地创新与发展，依次出现过直线型、职能型、事业部型、矩阵型等形式。根据目前企业发展已经呈现出的特点，企业的组织结构向着扁平化、以客户为中心的方向发展，组织的管理方式也由面向职能部门的管理转为面向流程的管理。

网格化管理体系架构不能离开原有的组织结构而存在，完全依存网络结构而实现的点与点的互联，会因为缺乏管理者的完全自由而造成混乱。因此，网格化智能运维管理是在原有组织结构的基础上进行改进，增加业务和管理节点之间的互融互通，遵循资源共享原则，根据各部门的业务流程情况、对数据的要求情况，建立便捷的信息融通机制，在达成流程共享、数据共享的同时，通过对现有流程的细致分析进行流程重组，实现提高管理效率、保证服务质量的目的。

二、总体架构

网格化管理的总体架构是企业组织如何来实施网格化管理，组织资源、协同工作的框架。网格化智能运维管理体系构建的总体思路是以输变配电设备运维服务的特点和管理需要为基础，以当前运维服务中巡视要求、资源调配、检修决策等所存在的问题为出发点，按照统筹规划、统一标准、统一平台、统一组织实施的原则，以统一评价、统一设备管控、统一计划、统一标准为基础实施"技术融合、专业融合、信息统一"统筹规划，打破传统各自为政的局限性，建立满足当前和未来需求的输变配运检管理新模式。

根据上述设立原则，构建了依托网格划分、组织优化、流程改进、信息支撑的网格化智能运维管理总体架构。总体架构由设备网格、运维网格、管理网格、智能运维平台和生产监控指挥中心五个部分组成，如图5-5所示。

（一）设备网格

网格是网格化管理的基本组成部分，即构成网格化管理系统的基本组成单元。网格化智能运维管理以输变配电专业融合为网格划分的核心原则，综合考虑电网设备运维服务中管理与服务的需要、运维服务的职能单位归属、地理位置所在区域的负荷配置等各方面因素，对区域进行网格划分（如图5-6所示）。

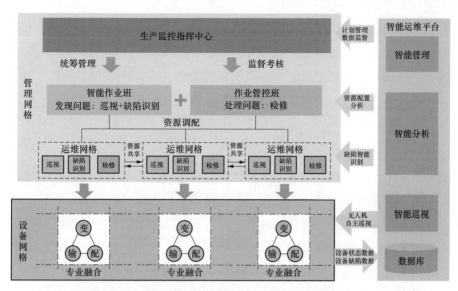

图 5-5 网格化智能运维总体架构

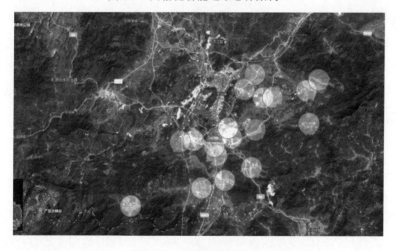

图 5-6 区域网格划分

设备网格是网格化管理的基本网格单元，主要有变电设备、输电设备、配电设备三大组成部分，设备网格通过智能运维平台与其他网格进行信息交流，将设备状态信息、设备缺陷信息、检修结果反馈信息等提交给运维网格和管理网格，其他网格依据这些交互信息实现对设备网格的运维管理，实现对设备的模块化管理。

（二）运维网格

运维网格，主要由各智能巡视小组、缺陷数据分析小组和检修小组组成，具有本地网格运维与资源调配职能，承担网格的设备巡视、缺陷识别和缺陷处理等日常运维工作。运维网格通过智能运维平台实现对设备网格的无人机自主巡视、智能缺陷识别等工作，并将作业数据信息上传到智能运维平台，为管理网格决策提供依据，是网格化智能运维管理体系的重要构成。

（三）管理网格

管理网格，主要由生产监控指挥中心、智能作业班和作业监控班组成，承担着网格运维指挥协调的职责。智能作业班和运维班依据智能运维平台的设备缺陷信息和作业数据信息，对巡视工作、缺陷识别工作和检修工作所需资源进行合理调配，实现网格之间的资源共享，提升整体的运维效率。生产监控指挥中心负责整体的统筹管理和监督考核工作，对作业计划进行审批，通过数据监督定期对整体运行效果进行评估，不断优化运维体系和处置预案。

（四）智能运维平台

智能运维平台为系统提供数字化信息服务，是整个系统高效运转的基础。智能运维平台数据库通过日常收集设备状态信息、设备缺陷信息、作业信息等数据，不断完善和补充数据库，通过对系统内大量数据实例资料的分析，提炼出重要的运维服务规则，形成自适应机制和动态循环优化处理策略，为智能巡视、智能分析和智能管理提供数字化支持。

第三节　网格化智能运维组织架构

网格化管理无法离开原有组织的递阶结构而存在，在网格化管理模式的组织体系的构建，应在尽可能保持原有递阶层次稳定性的基础上进行，根据业务流程逻辑和信息流逻辑建立横向的块与块之间的业务线和信息线，使得解决业务和信息传送能够按照最少的程序和最便捷的路径来完成，使得纵向与横向间相互协助提高。这样，既能避免由于组织结构大幅度变动造成管理上的动荡，又能提供更加高效的服务。

根据网格化智能运维管理的需要，进一步优化生产监控指挥中心与输电管理所、变电管理所、各县区局工作界面，由生产监控指挥中心的智能作业班全面承接输、变、配一次设备机巡业务，成为"问题发现中心"；由生产指挥监控中心的作业管控班统筹管理，输电管理所、变电管理所、各县区局专业负责设备维护、消缺、特巡特维、应急抢修工作，成为"问题处理中心"。机构设置如图 5-7 所示。

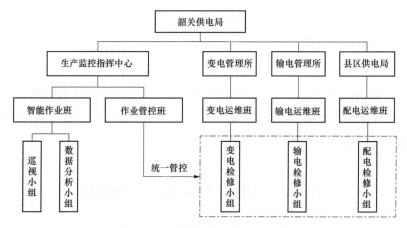

图 5-7　网格化智能运维组织架构

一、生产监控指挥中心

负责统筹整体电网格智能运维管理，对输变配运维实施集约化管理，对日常作业计划进行统筹管理，收集电网设备运维服务网格化管理信息，对机巡业务的计划和缺陷处理情况进行监督，综合评价区域网格的运维管理状况等。

二、智能作业班

作为网格区域的"监督员"，负责开展网格的机巡业务和缺陷识别业务，及时发现问题并进行上报。

（1）巡视小组。负责输变配电设备无人机自主巡视计划编制、执行工作，以及无人机及机巢的日常维护工作等。

（2）数据分析小组。负责设备智能巡视数据分析及缺陷、隐患发布工作，负责系统平台的基础台账管理、运维数据管理和数据分析及应用工作等。

三、作业管控班

作为网格区域的"问题管理员"，负责统筹开展网格的设备检修工作，派出检修小组赴现场处理问题，保证网格的正常运作。

（1）变电检修小组。作为网格区域变电"问题处理员"，负责变电设备缺陷、隐患跟踪处理，设备的全生命周期维护和资料管理工作等。

（2）输电检修小组。作为网格区域输电"问题处理员"，负责输电设备缺陷、隐患跟踪处理，输电设备的日常维护，输电架空和电缆线路全生命周期维护和资料管理工作等。

（3）配电检修小组。作为网格区域配电"问题处理员"，负责配电一次设备验收、特殊巡视、维护、检修、抢修等工作，负责配电网二次设备现场验收、简单维护等工作。

第四节　网格化智能运维技术支持

一、单功能微型无人机

无人机已经在电网各专业的巡视和运维中得到广泛应用，但各专业乃至同专业各业务中所采用的无人机均具有自身的控制协议，无统一规范，需与各自的遥控器一一对应，难以实现多任务覆盖类型的巡检模式。

针对网格化输变配一体的复合型巡视要求，韶关供电局自主研制了分布化单功能微型无人机，针对不同巡检需求，无人机可搭载可见光、红外等对应单功能任务传感器，并可进行无人机与无人机、无人机与智能节点终端之间的组网通信。

二、集群无人机调度

当前巡检任务往往与无人机一一对应，自动化、自主化程度及效率较低，并且多无人机之间的协作性也亟待提高。随着巡检无人机群体的规模不断增大，调度复杂度也随之不断增加，严重影响巡检任务的执行效率。另外，无人机启动时间、偶发故障以及任务的动态变化因素等也为巡检任务带来较大的不确定性。

为实现巡检任务可统筹支持网格内多台无人机、多个节点、多个专业任务，韶关供电局针对任务变化的动态特性、多个冲突优化目标（如效率最高的同时，能耗最小等）之间的折中及可能出现的突发情况等因素，研究并形成了一套基于动态多目标优化的群体无人机鲁棒调度方法（如图5-8所示）。集群无人机巡检模式有：分布式单机巡检模式、区域接力巡检模式和多机协同巡检模式。

（1）分布式单机巡检模式：在固定位置部署智能节点终端，且智能节点终端只供一台无人机使用，能够实现固定周期、固定航线的巡视，通常这种模式将智能节点终端部署于变电站中，对变电站及变电站周围设备进行定期巡检。

（2）区域接力巡检模式：这种模式是无人机从一个智能节点终端起飞，到另一个智能节点终端降落的方式，通常需要固定智能节点终端与移动智能节点终端或固定智能节点终端进行联合巡检，适用于中短距离站到站端的配电网线路巡视，更加节省无人机巡视返航时间，提高巡视效率。

（3）多机协同巡检：这种模式通过一套智能节点终端配置多台无人机，实现一个巡视智能节点终端同一时间执行多个巡视任务，通常智能节点终端处于配电网线路较为复杂的环境下，这样大幅提高了复杂线路环境的巡视效率。

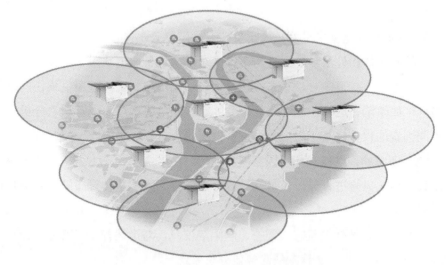

图 5-8　无人机集群调度示意图

三、智能分析与多模态数据管理

输变配一体化综合巡检要求由统一的数据中心对各网格中产生的各专业

机巡数据进行收集、管理和分析，数据量、数据种类极大增加，数据分析复杂程度极大提升。现阶段数据处理和分析工作还依赖于人工检测识别，因而存在人工判断工作强度大、浪费人力、效率低下、易出现遗漏等问题，无法应对多专业、多网格单元数据的进一步整合。

基于此，项目研究并形成了一套针对无人机巡视多模态数据开展的智能识别和分析技术，主要包括以下方面。

1. 多模态机巡数据融合技术

分析各类传感器的成像特性差异并结合应用目的，获取多源传感器的组合模式、数据形式、处理流程，并开展多模数据融合技术研究，利用融合技术得到互补，更加准确、全面、快速地获得一次设备缺陷的全面信息。

2. 面向一次设备缺陷的高级机器算法技术

开展基于对抗网络的一次设备典型缺陷数据增广方法研究；开展基于迁移学习的一次设备典型缺陷识别方法研究；开展基于持续学习的小样本数据灾难性遗忘方法研究；开展基于自动机器学习的一次设备典型缺陷模型自动调优方法研究。

3. 基于数据挖掘应用的一次设备典型缺陷趋势规律

从设备本体和外部环境因素两个维度对一次设备典型缺陷开展分析：

（1）选择直接反映一次设备投运时间长短、健康状况和健康值损伤的最重要指标（如缺陷、运行工况、运行年限、家族缺陷等维度）进行层次分析，确定不同因素的权重，基于历史数据进行健康状态分析。

（2）考虑外部气候和环境因素（如山火、雷电、覆冰、台风、空间位置等），基于设备历史风险进行分析，最终结合外部环境因素和整体设备缺陷趋势规律展开研究。

（3）结合各部件的状态、维修、缺陷等信息，对上述模型进行修正。

4. 进一步优化一次设备缺陷智能分析系统

获取输变配电关键设备的样本数据及典型缺陷数据，建立数据标注标准，利用机器学习技术建设设备库及典型缺陷库,实现关键设备的外观检测与识别。重点开展鸟巢异物、绝缘子损伤、螺栓缺失、藤蔓攀爬、倒塔、树障等模型库的建立。

四、无人机智能节点终端

受电池储能技术和飞行设计限制，电网应用的多旋翼无人机续航时间一般是 30~40min，难以在单机单次飞行中完成对巡检区域的覆盖，故需要有作为中继通信和补充无人机电能的智能节点终端，及时为无人机补充电能。

韶关供电局自主研制的网格化高效能源补充技术的智能节点终端，作为通信组网固定中继节点、能源补充节点、无人机回收与储存物理节点，为无人机提供网格节点服务，如图 5-9 所示。

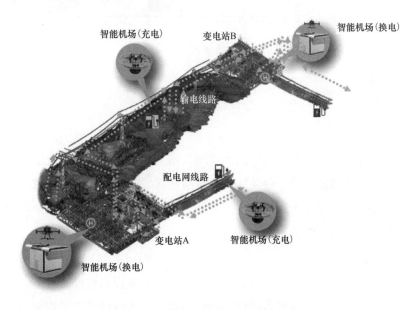

图 5-9　网格化无人机之智能充电机场

第五节　网格化智能运维模式

网格化智能运维管理打破了以往条块分割、各自为政的管理局面，依托网格划分、组织优化、流程改进、信息支撑实现了输变配电一体化巡视、输变配电一体化检修、网格资源一体化管理和整体的闭环管控，形成了管理联动、专业协同、资源共享的运维模式，如图 5-10 所示。

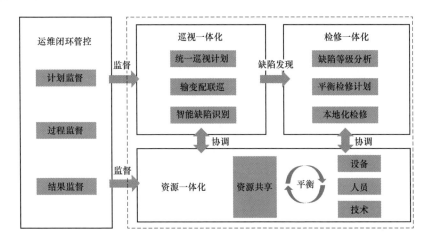

图 5-10　网格化智能运维模式

一、巡视一体化

1. 统一制定巡视计划

以网格为整体统筹无人机资源的调配，最大化提升无人机的使用效率。由智能作业班通过智能运维平台统计和分析网格区域内设备的运维需求和无人机的使用情况，统一制定无人机巡视的月计划、周计划和日计划，并分发给各个巡视小组，巡视小组依据巡视计划开展无人机巡视业务。

2. 开展输变配电联巡

以无人机集群巡视方式，开展输变配联巡，大幅提高巡视的效率。巡视小组通过智能运维平台对网格内的线路和设备进行三维建模和航线规划，实现无人机的自主巡视。运用无人机调度和集群巡视的方式，对网格区域的多台无人机、多个节点、多个专业任务同时开展巡视，并通过中继通信和补充无人机电能的智能节点终端，及时为无人机补充电能，满足对整体网格的高效巡视。

3. 缺陷统一智能识别

运用智能缺陷识别分析系统，更加准确、全面、快速地进行缺陷识别。数据分析小组收集网格内关键设备样本数据及典型缺陷数据，通过智能运维平台机器学习技术建立输变配设备库及典型缺陷库，包括鸟巢异物、绝缘子损伤、树障、隔离开关位置等模型库。日常无人机巡视的图片数据导入智能识别平台进行数据分析，缺陷分析结果由数据分析小组进行人工二次确认，最终生成缺陷报告，进一步提升了缺陷识别的效率和准确率。

二、检修一体化

1. 联合开展缺陷等级分析

以往的设备缺陷等级分析由各专业人员各自开展，各专业站在自己运维的角度进行缺陷分析，容易对缺陷分析不准确，导致紧急缺陷没有及时处理。

网格化智能运维管理的设备缺陷信息经由智能平台发送给作业管控班，作业管控班基于整体输变配电上下游运维管理的角度对设备缺陷等级进行分析，能够更加精准地确定设备缺陷的影响，使检修更加有针对性。

2. 建立输变配一体的停电综合计划

输变配的工作计划不再由输、变、配各专业分别制定，而是由作业管控班以变电站设备状态检修计划为切入点，结合输、变、配设备的检修周期，通盘考虑输、变、配上下游设备的停电需求，合理整合停电计划，从而建立变电、输电、配电一体的停电综合计划，如图 5-11 所示。

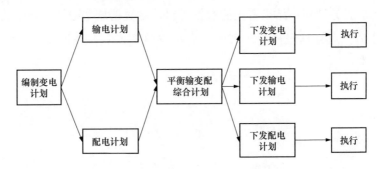

图 5-11 停电综合计划制定流程图

从源头上降低中间环节的协调工作，简化工作流程，尽可能避免输变电设备的重复停电，提高供电可靠性。

3. 统筹开展本地检修

作业管控班确认网格内的缺陷等级信息以及停电综合计划后，综合考虑网格内的设备运维情况确认检修任务，根据检修任务的专业和地理位置信息，通过智能运维平台推送到相应的本地各专业检修小组，实现对缺陷的快速响应、快速处理。

三、资源一体化

1. 网格内资源统一调度

网格内根据运维管理的任务需求，对组织内的各类资源进行整合，实现资源共享、统一调度，包括无人机设备、设备的维修工器具、校验设备、检修车辆等，降低管理成本，提高运维效率。

2. 网格之间资源共享

网格与网格之间可根据运维任务的高低峰情况，借由智能运维平台，准确了解运维管理的需求，以及资源仓储情况，动态地调用组织各类资源，实现资源的最大化利用。

四、运维闭环管控

生产监控指挥中心定期对巡视、数据分析、缺陷处理开展全过程监督，根据网格设备运维服务的特点，依托网格化管理信息化平台，进行信息平台收集、记录与运维服务过程、结果有关的数据资料，并根据这些数据对网格的运行效果进行评估。对管理过程中出现的问题提出整改意见，不断优化网格的运维体系。

附录 A 变电设备运维策略表（智能巡视）

（一）变电站季节性巡视策略表

智能巡视终端开展的季节性巡视策略表如表 A1 所示。

表 A1　　　　　　　　　智能巡视终端开展的季节性巡视策略表

巡视类别	季节/月份												责任专业	工作要求侧重点
	春季			夏季			秋季			冬季				
	1	2	3	4	5	6	7	8	9	10	11	12		
防风防汛特巡				√	√	√	√	√	√	√			生产监控指挥中心	台风、暴雨等恶劣天气前后开展防风防汛特巡，重点关注： （1）变电站的护坡、挡土墙、排水沟以及变电站的抽排水系统是否正常。 （2）建筑物门窗是否关好。 （3）各建筑物屋顶是否积水。 （4）变电站周边黑点（简易棚架等）是否采取防护措施
高温高负荷特巡					√	√	√	√	√				生产监控指挥中心	高温天气或设备重负荷运行时进行特巡，重点关注： （1）检查设备油位、温度等是否正常。 （2）采用红外测温检查重载设备导电、接头部位是否有异常发热。 （3）在线监测主变压器铁芯接地电流

人工常规开展的季节性巡视策略表如表 A2 所示。

表 A2　　　　　　　　　人工常规开展的季节性巡视策略表

巡视类别	季节/月份												责任专业	工作要求侧重点
	春季			夏季			秋季			冬季				
	1	2	3	4	5	6	7	8	9	10	11	12		
防潮特巡	√	√	√	√	√							√	运行	雨雾、灰霾、潮湿（湿度大于85%）等恶劣天气时每月应至少开展1次防潮特巡：

续表

巡视类别	季节/月份												责任专业	工作要求侧重点
	春季			夏季			秋季			冬季				
	1	2	3	4	5	6	7	8	9	10	11	12		
防潮特巡	√	√	√	√	√						√		运行	（1）户外设备机构箱、控制箱密封是否良好，驱潮设施运行是否正常，无人值班变电站可视情况手动开启防潮加热装置。 （2）户内设备的防潮、抽风措施是否完备、正常；门窗是否关闭、完好
防污闪特巡	√	√	√								√	√	运行	大雾、湿度大于 85% 时应对污秽较严重和清扫未完成的变电站进行防污闪特巡，重点关注： （1）夜间巡视时重点检查支柱、悬式及耐张绝缘子串有无爬电、放电、电晕等现象。 （2）检查变电站附近有无碎石场、工厂烟囱等新增污染源
天气突变特巡	√	√	√	√	√	√	√	√	√	√	√	√	运行	气温突降、冰冻等恶劣天气前后，应开展天气骤冷特巡，重点关注： （1）检查充油、充气设备油位、压力是否正常；检查充油设备是否有渗漏或渗漏是否加剧。 （2）检查断路器防凝露加热电阻是否正常开启。 （3）检查端子箱、机构箱内是否有凝露、水珠，开启防潮加热器。 （4）检查防小动物措施是否完好

（二）智能巡视终端运维策略表

通过智能巡视终端开展日常巡维（见表 A3）、动态巡维（见表 A4）、季节性巡维。智能巡视终端无法巡视的设备保持常规运维策略周期，当智能巡视终端故障时，应恢复常规运维策略周期。

1. 日常巡维

表 A3　日 常 巡 维 策 略 表

设备类型	项目	智能巡视周期				责任专业	巡视侧重点
		I级	II级	III级	IV级		
35～500kV油浸式电力变压器（含高压电抗器）	日常巡视	1天1次	1周1次	半月1次	1月1次	生产监控指挥中心	（1）油温、绕组温度是否正常，检查现场温度计的指示温度。 （2）油位、油渗漏情况。特别检查以下部位的渗漏油情况：本体每个阀门、表计、分接开关及在线滤油装置，法兰连接处及焊缝处，冷却器阀门、散热管、油泵、气体继电器、压力释放阀等处连接部分，套管及套管升高座电流互感器二次接线盒等处。对照油温与油位的标准曲线检查油位指示是否在正常范围内。 （3）吸湿器中油色是否变黑、硅胶变色是否超过 2/3，油杯的油位应在油位线范围内。 （4）气体继电器防雨罩是否完好，气体继电器与集气盒内有无气体，油色有无浑浊变黑现象。 （5）铁芯、夹件、外壳及中性点接地是否良好。 （6）变压器与各侧引线上有无异物，引线接头有无松动、过热、烧红。 （7）低压母排热缩包裹及接头盒有无缺损、脱落现象。 （8）变压器基础有无下沉。 （9）有载分接开关的分接位置及电源指示是否正常，三相挡位是否相同，且与远方一致。 （10）套管绝缘子有无污秽、破损、裂纹和放电痕迹。复合绝缘套管伞裙有无龟裂老化现象。橡胶伞裙形状是否能够与瓷伞裙表面吻合良好，表面是否洁净、光滑，硅伞裙有无开裂、搭接口有无开胶、伞裙有无脱落、黏结位置有无爬电等现象。 （11）压力释放装置是否密封良好，有无渗油。 （12）喷淋装置或排油充氮灭火装置是否良好。 （13）控制箱和二次端子箱应密封良好。 （14）油流指示器指示是否正常，箱体的接地是否良好。 （15）散热片无有积聚大量污尘。同一工况下，各散热片的温度应大致相同。 （16）无励磁分接开关有无渗漏油。分接开关挡位指示器是否清晰、指示正确，机械操作装置（针对调压机构在变压器下部时进行）有无锈蚀。集气装置不应集有气体。 （17）变压器中性点接地状态是否正确。 （18）在线监测变压器绝缘油状态是否正常

续表

设备类型	项目	智能巡视周期				责任专业	巡视侧重点
		Ⅰ级	Ⅱ级	Ⅲ级	Ⅳ级		
35～500kV油浸式电力变压器（含高压电抗器）	红外测温	1天1次	1周1次	半月1次	1月1次	生产监控指挥中心	（1）夜间或阴天开展红外测温。 （2）按照智能巡视终端设备设定的测温点和测温路线，开展设备测温。 （3）智能巡视终端设备的测温报警值应参照DL/T 664—2016《带电设备红外诊断应用规范》设定
	运行设备数据量化巡视	1月1次				生产监控指挥中心	（1）主变压器铁芯及夹件泄漏电流测量记录（具备在线监测条件时）：铁芯、夹件外引接地应良好，测试接地电流在100mA以下。 （2）主变压器油温、油位检查记录：检查主变压器的油位、油温、绕组温度，并记录。 （3）主变压器分接开关操动机构动作次数记录。 （4）SF_6压力值及密度继电器记录：SF_6压力指示是否正常，是否在温度曲线合格范围内，并与上次记录值进行比对，以提前确定是否存在泄漏。 （5）避雷器动作次数、泄漏电流记录：与泄漏电流初始值对比不超过20%。 （6）断路器液压或气压操动机构打压次数检查记录
	设备监测与预警	1天1次				生产监控指挥中心	采用各种智能巡视终端对变电设备的状态进行监测与预警
35～500kV电流互感器	日常巡视	1天1次	1周1次	半月1次	1月1次	生产监控指挥中心	（1）检查设备外观是否完整无损，各部分连接是否牢固可靠。 （2）外绝缘表面是否清洁，有无裂纹及放电现象。外涂漆层是否清洁，有无大面积掉漆。 （3）瓷套有无裂纹、破损和放电痕迹。 （4）检查接点、接头有无过热发红，引线有无抛股断股现象，金具是否完整。 （5）接地是否良好。 （6）二次端子箱门是否关闭良好。 （7）检查底座构架是否牢固，有无倾斜、变位。 （8）检查压力表指示是否在正常规定范围，有无漏气现象，密度继电器是否正常（SF_6式）。 （9）检查油位、油色是否正常（油浸式）。 （10）膨胀器应有无渗漏、变形，瓷套、底座、阀门和密封法兰等部位有无渗漏（油浸式）。 （11）复合绝缘套管表面是否清洁、完整，有无裂纹、放电痕迹、老化迹象，憎水性是否良好

设备类型	项目	智能巡视周期				责任专业	巡视侧重点
		Ⅰ级	Ⅱ级	Ⅲ级	Ⅳ级		
35～500kV 电流互感器	红外测温	1天1次	1周1次	半月1次	1月1次	生产监控指挥中心	（1）夜间或阴天开展红外测温。 （2）按照智能巡视终端设备设定的测温点和测温路线，开展设备测温。 （3）智能巡视终端设备的测温报警值应参照 DL/T 664—2016《带电设备红外诊断应用规范》设定
	运行设备数据量化巡视	1月1次				生产监控指挥中心	SF$_6$ 压力值及密度继电器记录（如有）：记录 SF$_6$ 压力值，检查 SF$_6$ 压力指示是否正常，是否在温度曲线合格范围内，并与上次记录值进行比对，以提前确定是否存在泄漏
	设备监测与预警	1天1次				生产监控指挥中心	采用各种智能巡视终端对变电设备的状态进行监测与预警
35～500kV 电压互感器	日常巡视	1天1次	1周1次	半月1次	1月1次	生产监控指挥中心	（1）检查设备外观是否完整无损，各部分连接是否牢固可靠。 （2）外绝缘表面是否清洁，有无裂纹及放电现象。设备外涂漆层是否清洁，有无大面积掉漆。 （3）瓷套有无裂纹、破损和放电痕迹。 （4）检查接点、接头有无过热、发红，引线有无抛股断股现象，金具是否完整。 （5）油浸式互感器有无渗漏油现象，油位、油色是否正常。 （6）检查压力表指示是否在正常规定范围，有无漏气现象，密度继电器（SF$_6$式）是否正常。 （7）分压电容器及电磁单元有无渗漏油。 （8）接地是否良好。 （9）检查底座构架是否牢固，有无倾斜、变位。 （10）复合绝缘套管表面是否清洁、完整，有无裂纹、放电痕迹、老化迹象，憎水性是否良好
	红外测温	1天1次	1周1次	半月1次	1月1次	生产监控指挥中心	（1）夜间或阴天开展红外测温。 （2）按照智能巡视终端设备设定的测温点和测温路线，开展设备测温。 （3）智能巡视终端设备的测温报警值应参照 DL/T 664—2016《带电设备红外诊断应用规范》设定
	运行设备数据量化巡视	1月1次				生产监控指挥中心	油位检查记录：检查电压互感器的油位并记录
	设备监测与预警	1天1次				生产监控指挥中心	采用各种智能巡视终端对变电设备的状态进行监测与预警

续表

设备类型	项目	智能巡视周期				责任专业	巡视侧重点
		I 级	II 级	III 级	IV 级		
10～66kV集合式并联电容器组	日常巡视	1 天1 次	1 周1 次	半月1 次	1 月1 次	生产监控指挥中心	（1）电容器外壳有无膨胀变形、渗油现象。外部涂漆有无变色。 （2）油位指示是否在标准范围内。吸湿器外观有无破损，干燥剂变色部分是否超过 2/3。 （3）套管有无破损裂纹、闪络放电现象。 （4）接点有无松脱、发热现象。 （5）接地引线有无严重锈蚀、松动。 （6）检查放电线圈油位是否正常，有无渗漏油。 （7）串联电抗器附近有无磁性杂物存在，油漆有无脱落，线圈有无变形，有放电及焦味。油电抗器有无渗漏油。 （8）检查防鼠和消防设施是否完备
	红外测温	1 天1 次	1 周1 次	半月1 次	1 月1 次	生产监控指挥中心	（1）夜间或阴天开展红外测温。 （2）按照智能巡视终端设备设定的测温点和测温路线，开展设备测温。 （3）智能巡视终端设备的测温报警值应参照 DL/T 664—2016《带电设备红外诊断应用规范》设定
	运行设备数据量化巡视	1 月1 次				生产监控指挥中心	（1）油温、油位检查记录：检查油位、油温，并记录。 （2）避雷器动作次数、泄漏电流记录：与泄漏电流初始值对比不超过 20%
	设备监测与预警	1 天1 次				生产监控指挥中心	采用各种智能巡视终端对变电设备的状态进行监测与预警
10～66kV框架式并联电容器组	日常巡视	1 天1 次	1 周1 次	半月1 次	1 月1 次	生产监控指挥中心	（1）检查框架安装是否牢固，有无变形、锈蚀情况。 （2）检查瓷绝缘有无破损裂纹、放电痕迹，表面是否清洁。 （3）检查连接引线是否过紧、过松，设备连接处有无松动、过热。 （4）检查设备外表涂漆是否变色、变形，外壳有无鼓肚、膨胀变形，接缝有无开裂、渗漏油现象。电容器各接头有无发热现象。 （5）串联电抗器附近有无磁性杂物存在，油漆有无脱落，线圈有无变形，有放电及焦味。油电抗器有无渗漏油。 （6）检查接地装置、接地引线有无严重锈蚀、断股。熔断器、放电回路、避雷器是否完好。 （7）检查网门是否关闭严密，防小动物和消防设施是否完备。检查标识是否正确齐全

续表

设备类型	项目	智能巡视周期				责任专业	巡视侧重点
		Ⅰ级	Ⅱ级	Ⅲ级	Ⅳ级		
10～66kV框架式并联电容器组	红外测温	1天1次	1周1次	半月1次	1月1次	生产监控指挥中心	（1）夜间或阴天开展红外测温。 （2）按照智能巡视终端设备设定的测温点和测温路线，开展设备测温。 （3）智能巡视终端设备的测温报警值应参照 DL/T 664—2016《带电设备红外诊断应用规范》设定
	运行设备数据量化巡视	1月1次				生产监控指挥中心	（1）油温、油位检查记录：检查油位、油温，并记录。 （2）避雷器动作次数、泄漏电流记录：与泄漏电流初始值对比不超过20%
	设备监测与预警	1天1次				生产监控指挥中心	采用各种智能巡视终端对变电设备的状态进行监测与预警
35～500kV金属氧化物避雷器	日常巡视	1天1次	1周1次	半月1次	1月1次	生产监控指挥中心	（1）绝缘子是否清洁，有无裂纹、破损，有无放电痕迹，复合外绝缘有无龟裂。 （2）引线有无断股、烧伤痕迹，有无松动现象。 （3）接头有无松动、过热现象。 （4）接地装置是否完整，有无松动、锈蚀现象。 （5）均压环有无松动、锈蚀、歪斜。 （6）避雷器记录器是否完好，动作是否正确，内部有无积水。 （7）避雷器铁法兰、底座瓷套有无破裂等
	红外测温	1天1次	1周1次	半月1次	1月1次	生产监控指挥中心	（1）夜间或阴天开展红外测温。 （2）按照智能巡视终端设备设定的测温点和测温路线，开展设备测温。 （3）智能巡视终端设备的测温报警值应参照 DL/T 664—2016《带电设备红外诊断应用规范》设定
	运行设备数据量化巡视	1月1次				生产监控指挥中心	避雷器动作次数、泄漏电流记录：与泄漏电流初始值对比不超过20%
	设备监测与预警	1天1次				生产监控指挥中心	采用各种智能巡视终端对变电设备的状态进行监测与预警
35～500kV断路器	日常巡视	1天1次	1周1次	半月1次	1月1次	生产监控指挥中心	（1）检查 SF₆ 气体压力、油位是否在厂家规定正常范围内，有无渗漏油、漏气现象。 （2）检查断路器液压/气动储能指示是否正常。液压、空压系统各管路接头及阀门有无渗漏现象，各阀门位置、状态是否正确。

续表

设备类型	项目	智能巡视周期				责任专业	巡视侧重点
		I 级	II 级	III 级	IV 级		
35～500kV断路器	日常巡视	1 天1 次	1 周1 次	半月1 次	1 月1 次	生产监控指挥中心	（3）检查接头接触处有无过热和变色发红及氧化现象，引线弛度是否适中。 （4）瓷套是否清洁，有无损伤、裂纹、放电闪络和严重污垢、锈蚀的现象。 （5）断路器实际分合闸位置指示与机械、电气指示三者是否一致。 （6）动作计数器读数是否正常。 （7）断路器基础杆件有下沉、移位，铁件有无锈蚀、脱焊，接地装置连接是否可靠
	红外测温	1 天1 次	1 周1 次	半月1 次	1 月1 次	生产监控指挥中心	（1）夜间或阴天开展红外测温。 （2）按照智能巡视终端设备设定的测温点和测温路线，开展设备测温。 （3）智能巡视终端设备的测温报警值应参照 DL/T 664—2016《带电设备红外诊断应用规范》设定
	运行设备数据量化巡视	1 月1 次				生产监控指挥中心	（1）SF_6压力值及密度继电器记录：记录 SF_6 压力值、密度值及环境温度。检查压力指示是否正常，是否在温度曲线合格范围内，并与上次记录值进行比对，以提前确定是否存在泄漏。 （2）断路器液压或气压操动机构打压次数检查记录。 （3）断路器动作次数检查
	设备监测与预警	1 天1 次				生产监控指挥中心	采用各种智能巡视终端对变电设备的状态进行监测与预警
110～500kV组合电器	日常巡视	1 天1 次	1 周1 次	半月1 次	1 月1 次	生产监控指挥中心	（1）检查 GIS 外壳表面有无生锈、腐蚀、变形、松动等异常，油漆是否完整、清洁，外壳接地是否良好。 （2）检查运行中母线有无异响、过热等现象。 （3）检查 SF_6密度继电器外观有无污物、损伤痕迹，观察窗口是否清洁，气压指示是否清晰可见，压力是否正常。检查 SF_6 密度表与本体连接是否可靠，有无渗漏油。 （4）检查各部分管道有无异常，管道连接头是否完好正常。 （5）检查操动机构箱、控制箱箱门是否处于关闭状态。 （6）检查断路器、隔离开关、接地开关的位置指示信号、告警信号是否正常，是否与实际运行方式一致。分合闸指示牌是否到位，若分合闸指示牌倾斜过大，应查明原因。

设备类型	项目	智能巡视周期				责任专业	巡视侧重点
		I级	II级	III级	IV级		
110～500kV组合电器	日常巡视	1天1次	1周1次	半月1次	1月1次	生产监控指挥中心	（7）各断路器、隔离开关、接地开关的外部传动连杆外观是否正常，有无变形、裂纹、锈蚀现象。连接螺栓有无松动、锈蚀现象。各轴销外观检查是否正常。拐臂连杆位置是否标识清晰且已到位。 （8）分、合闸弹簧外观有无裂纹、断裂、锈蚀等异常。液压、空压系统各管路接头及阀门有无渗漏现象，各阀门位置、状态是否正确。 （9）隔离开关、接地开关连杆和转轴等机械部分有无变形，各部件连接是否良好。 （10）检查避雷器的动作计数指示值，泄漏电流是否正常。 （11）互感器二次接线盒表面有无严重锈蚀和涂层脱落，是否密封良好。 （12）出线套管有无损伤裂纹、放电闪络痕迹和严重污垢。 （13）GIS基础杆件有无下沉、移位，支承架有无松动，各接地点连接是否牢固，金属部件有无锈蚀、脱落。 （14）GIS设备上有无杂物。 （15）各种配管及阀门有无损伤，开闭位置是否正确，管道的绝缘法兰与绝缘支架是否良好。 （16）检查引线接头接触处有无过热和变色发红及氧化现象，引线弛度是否适中
	红外测温	1天1次	1周1次	半月1次	1月1次	生产监控指挥中心	（1）夜间或阴天开展红外测温。 （2）按照智能巡视终端设备设定的测温点和测温路线，开展设备测温。 （3）智能巡视终端设备的测温报警值应参照DL/T 664—2016《带电设备红外诊断应用规范》设定
	运行设备数据量化巡视	1月1次				生产监控指挥中心	（1）SF$_6$压力值及密度继电器记录：记录GIS设备的SF$_6$压力值及环境温度。压力指示是否正常，是否在温度曲线合格范围内，并与上次记录值进行比对，以提前确定是否存在泄漏。 （2）避雷器动作次数、泄漏电流记录：与泄漏电流初始值对比不超过20%
	设备监测与预警	1天1次				生产监控指挥中心	采用各种智能巡视终端对变电设备的状态进行监测与预警

续表

设备类型	项目	智能巡视周期				责任专业	巡视侧重点
		I级	II级	III级	IV级		
35～500kV隔离开关	日常巡视	1天1次	1周1次	半月1次	1月1次	生产监控指挥中心	（1）绝缘子是否清洁，有无破损或放电痕迹及麻点。 （2）导电臂有无变形、损伤，镀层有无脱落；导电软连接带有无断裂、损伤。 （3）防雨罩、引弧角、均压环等有无锈蚀、裂纹、变形或脱落。 （4）各部分接头、接点接触是否完好，有无螺栓断裂松脱，有无过热变色现象。 （5）引线有无松动、严重摆动或烧伤、断股现象，线夹有无裂纹、变形。 （6）闭锁装置是否完好，机械锁有无锈蚀或锁不上现象。 （7）隔离开关底座牢固有无位移、锈蚀，架构有无倾斜变位。 （8）隔离开关传动连接、限位螺栓安装是否牢固。垂直连杆、水平连杆有无弯曲变形、严重锈蚀现象。 （9）隔离开关的分、合闸位置指示是否正确。 （10）绝缘子有无裂痕、电晕。 （11）接地是否良好，附近有无杂物。 （12）操作箱、端子箱及辅助触点盒是否密封良好。 （13）机构箱有无锈蚀、变形，密封是否良好
	红外测温	1天1次	1周1次	半月1次	1月1次	生产监控指挥中心	（1）夜间或阴天开展红外测温。 （2）按照智能巡视终端设备设定的测温点和测温路线，开展设备测温。 （3）智能巡视终端设备的测温报警值应参照DL/T 664—2016《带电设备红外诊断应用规范》设定
	设备监测与预警	1天1次				生产监控指挥中心	采用各种智能巡视终端对变电设备的状态进行监测与预警
35～500kV独立接地开关	日常巡视	1天1次	1周1次	半月1次	1月1次	生产监控指挥中心	（1）绝缘子是否清洁，有无破损或麻点。 （2）触指有无变形、锈蚀。 （3）各部分连接是否完好，有无螺栓断裂松脱。接地软铜带有无断裂。 （4）闭锁装置是否完好，接地开关出轴锁销是否位于锁板缺口内。 （5）架构底座有无倾斜变位。 （6）正常运行时接地开关是否处于分闸位置，分闸时刀头应不高于绝缘子最低的伞裙。 （7）接地是否良好，附近有无杂物。 （8）底座牢固有无位移、锈蚀，基础有无裂纹、沉降。 （9）传动连接、限位螺栓安装是否牢固

续表

设备类型	项目	智能巡视周期				责任专业	巡视侧重点
		I级	II级	III级	IV级		
35～500kV 独立接地开关	红外测温	1天1次	1周1次	半月1次	1月1次	生产监控指挥中心	（1）夜间或阴天开展红外测温。 （2）按照智能巡视终端设备设定的测温点和测温路线，开展设备测温。 （3）智能巡视终端设备的测温报警值应参照 DL/T 664—2016《带电设备红外诊断应用规范》设定
	设备监测与预警	1天1次				生产监控指挥中心	采用各种智能巡视终端对变电设备的状态进行监测与预警
一般母线（封闭母线、绝缘管型母线）	日常巡视	1天1次	1周1次	半月1次	1月1次	生产监控指挥中心	（1）支柱绝缘子是否清洁，有无破损或放电痕迹及麻点。 （2）各部分接头接触是否完好，有无螺栓断裂松脱，有无过热变色现象。 （3）引线有无松动、严重摆动或烧伤、断股现象。 （4）架构有无倾斜变位，基础有无下沉。 （5）绝缘子有无裂痕、电晕
	红外测温	1天1次	1周1次	半月1次	1月1次	生产监控指挥中心	（1）夜间或阴天开展红外测温。 （2）按照智能巡视终端设备设定的测温点和测温路线，开展设备测温。 （3）智能巡视终端设备的测温报警值应参照 DL/T 664—2016《带电设备红外诊断应用规范》设定
	设备监测与预警	1天1次				生产监控指挥中心	采用各种智能巡视终端对变电设备的状态进行监测与预警
穿墙套管	日常巡视	1天1次	1周1次	半月1次	1月1次	生产监控指挥中心	（1）瓷套是否完好，有无脏污、破损，有无放电现象。 （2）油位指示是否在正常范围内或 SF_6 压力是否在正常范围内。 （3）末屏接地有无放电发热（仅针对老式外露末屏的套管进行）。 （4）复合绝缘套管伞裙有无龟裂老化现象。 （5）各部密封处有无渗漏
	红外测温	1天1次	1周1次	半月1次	1月1次	生产监控指挥中心	（1）夜间或阴天开展红外测温。 （2）按照智能巡视终端设备设定的测温点和测温路线，开展设备测温。 （3）智能巡视终端设备的测温报警值应参照 DL/T 664—2016《带电设备红外诊断应用规范》设定

设备类型	项目	智能巡视周期				责任专业	巡视侧重点
		I 级	II 级	III 级	IV 级		
穿墙套管	设备监测与预警	1 天 1 次				生产监控指挥中心	采用各种智能巡视终端对变电设备的状态进行监测与预警
动态无功补偿装置（含静止同步补偿装置 STATCOM、静止无功补偿装置 SVG）	日常巡视	1 天 1 次	1 周 1 次	半月 1 次	1 月 1 次	生产监控指挥中心	1. 电阻器 （1）观察电阻器安装是否牢固，外表是否清洁，有无破损、闪络、裂纹、杂物，有无明显脏污，外壳有无膨胀变形。 （2）连接是否牢固，有无断裂；内部有无异常响声，有无过热现象。 （3）接地线是否完好，有无断裂和锈蚀现象。 （4）标识清晰有无脱落，附近有无杂物。 2. 电抗器 （1）检查设备安装基础有无下沉，支架有无倾斜。 （2）引线接触是否良好，接头有无过热，各连接引线有无发热变色。 （3）外包封表面是否清洁，有无裂纹，有无爬电痕迹，有无油漆脱落现象。 （4）撑条有无错位，有无动物巢穴等异物。 （5）支柱绝缘子金属部位有无锈蚀，支架是否牢固，有无倾斜变形，有无明显污染情况。 3. 电容器 （1）外观是否完好，有无变形、鼓胀、渗油、喷油现象。 （2）引线瓷套有无损坏、放电痕迹，表面有无污垢沉积。 （3）接线端头螺母、垫圈是否齐全，有无烧伤、损坏，连接是否紧固可靠。 4. 避雷器 （1）检查避雷器计数器动作情况、有无进水。 （2）检查泄漏电流监测仪指示是否正确，较前后数据变化是否在正常范围。 （3）检查套管有破损、裂纹及放弧痕迹，导线、接地线有无断脱和放电痕迹。 5. STATCOM 阀厅设备（具备条件情况下） （1）检查阀厅内各部位有无烟雾，有无异常发热。 （2）检查阀塔水冷却系统各部位有无渗漏水现象。 （3）检查阀监控设备工作是否正常。 （4）检查阀厅的温度、湿度是否正常。 （5）检查阀厅的温湿度，注意保持环境温度应不超过 40℃，相对湿度 35%～75%，地面应无积水和异物，设备应无放电、冒烟、过热变色。

续表

设备类型	项目	智能巡视周期				责任专业	巡视侧重点
		I级	II级	III级	IV级		
动态无功补偿装置（含静止同步补偿装置STATCOM、静止无功补偿装置SVG）	日常巡视	1天1次	1周1次	半月1次	1月1次	生产监控指挥中心	（6）检查阀厅空调工作是否正常，有无异常关机以及空调水管漏水现象；切换站用电后检查交流配电柜电源是否正常，空调运行是否正常。 6. 水冷系统 （1）观察主泵、风机运行状态是否正常。 （2）检查阀门螺栓连接处、焊缝是否保持干燥。 （3）观察空冷器风机运转是否正常，有无明显异常。 （4）检查水冷系统进、出阀温度、供水压力、液位、冷却水电导率以及流量等参数是否在正常范围内。 （5）检查水冷控制屏装置运行是否正常，有无告警信号
	红外测温	1天1次	1周1次	半月1次	1月1次	生产监控指挥中心	（1）夜间或阴天开展红外测温。 （2）按照智能巡视终端设备设定的测温点和测温线，开展设备测温。 （3）智能巡视终端设备的测温报警值应参照DL/T 664—2016《带电设备红外诊断应用规范》设定
	运行设备数据量化巡视	1月1次				生产监控指挥中心	运行数据监测记录
	设备监测与预警	1天1次				生产监控指挥中心	采用各种智能巡视终端对变电设备的状态进行监测与预警
串联补偿平台设备	日常巡视	1天1次	1周1次	半月1次	1月1次	生产监控指挥中心	1. 平台设备 （1）对设备外观进行检查，有无异响，有无杂物，外观是否正常，平台围栏大门是否关闭良好。 （2）瓷质绝缘子表面有无污垢沉积，有无破损伤痕，有无闪络痕迹，螺栓有无松动脱落。复合绝缘外套伞裙有无变形、有无电灼伤现象，均压环安装是否牢固、有无变形。 （3）绝缘子、光纤柱接地，有无松动、锈蚀或变形现象。 （4）检查引流线连接是否可靠，引流线是否呈似悬链状自然下垂，三相松弛度是否一致。 （5）检查平台设备外观是否完好，一次设备连接线是否紧固、有无脱落，平台下有无设备碎片。 （6）检查基础有无变形、有无下沉。

续表

设备类型	项目	智能巡视周期				责任专业	巡视侧重点
		I 级	II 级	III 级	IV 级		
串联补偿平台设备	日常巡视	1 天 1 次	1 周 1 次	半月 1 次	1 月 1 次	生产监控指挥中心	2．电容器 后台检查电容器不平衡电流是否在正常范围内，有无越限告警或突变现象。 3．避雷器 测量金属氧化物可变电阻（MOV）本体表面以及引流线连接部位表面温度，有无异常过热现象。 4．火花间隙 （1）火花间隙房表面有无污垢沉积、有无放电痕迹，间隙房上有无杂物，防小动物栅栏是否完整。 （2）套管、斜拉绝缘子及支柱绝缘子是否清洁、完整，穿墙套管有无渗油、放电现象，充油套管油位是否正常。 （3）阻尼电阻、放电电阻表面是否清洁、完整，安装是否牢固。 （4）接线端子连接是否牢固可靠，有无松动、锈蚀现象。 （5）场地是否平整、无杂草。 5．阻尼装置 （1）阻尼电阻外观是否完好无损伤。 （2）阻尼电抗器一次接头有无发热、变色现象，撑条（引拔棒）有无错位脱落。 6．晶闸管阀组 （1）阀厅门是否关闭严紧，有无明显损坏现象。 （2）阀厅有无沉积物、渗漏、闪络放电痕迹。 7．水冷系统 （1）电导率检查：电导率传感器是否完好，读数是否在正常范围内。 （2）水位检查：膨胀水箱指示器工作是否正常，读数是否为30%～80%；补水箱有无漏水，水位是否在80%以上。 （3）水泵：水泵有无渗水。 （4）管路检查：管路及支架是否清洁，有无锈蚀、损坏，接头有无渗漏现象，阀门位置指示是否正确
	红外测温	1 天 1 次	1 周 1 次	半月 1 次	1 月 1 次	生产监控指挥中心	（1）夜间或阴天开展红外测温。 （2）按照智能巡视终端设备设定的测温点和测温路线，开展设备测温。 （3）智能巡视终端设备的测温报警值应参照 DL/T 664—2016《带电设备红外诊断应用规范》设定

续表

设备类型	项目	智能巡视周期				责任专业	巡视侧重点
		Ⅰ级	Ⅱ级	Ⅲ级	Ⅳ级		
串联补偿平台设备	运行设备数据量化巡视	1月1次				生产监控指挥中心	运行数据监测记录
	设备监测与预警	1天1次				生产监控指挥中心	采用各种智能巡视终端对变电设备的状态进行监测与预警
接地装置（避雷针、避雷线）	日常巡视	1天1次	1周1次	半月1次	1月1次	生产监控指挥中心	1. 避雷针检查 （1）本体有无锈蚀、断裂、脱焊，接地是否良好，安装是否牢固。 （2）避雷针有无倾斜现象。 2. 避雷线检查 （1）架空避雷线在出线构架处与地网是否连接可靠且便于分开的连接点，检查连接处有无放电痕迹。 （2）避雷线有无过松过紧、松脱
	设备监测与预警	1天1次				生产监控指挥中心	采用各种智能巡视终端对变电设备的状态进行监测与预警
建、构筑物设施	日常巡视	3月1次				生产监控指挥中心	1. 建筑物检查 （1）外墙面砖有无大面积空壳、开裂、脱落。 （2）外墙涂料饰面有无大面积开裂、空鼓、起皮和脱落。 （3）检查外墙窗有无渗漏现象。 （4）屋面排水是否通畅，有无积水，雨水排水口有无堵塞。 （5）防护栏杆是否稳固，金属构件有无锈蚀、脱漆现象。 （6）外露管道有无锈蚀、破损、变形。 （7）建筑物有无明显不均匀沉降。 （8）建筑散水、坡道及台阶有无沉陷、开裂。 2. 构筑物检查 （1）设备基础有无破损，表面有无结构性裂缝，有无沉陷。 （2）操作小道地面有无损坏及明显沉陷。 （3）道路及站前区广场地面有无开裂、破损、大面积积水。 （4）开关场地是否平整，有无沉陷、积水、杂草、外露基土。 （5）电缆沟道、构支架基础、排水管沟等二次填土有无明显沉陷。 （6）户外雨水口是否完好，排水是否顺畅、有无堵塞。

续表

设备类型	项目	智能巡视周期				责任专业	巡视侧重点
		I级	II级	III级	IV级		
建、构筑物设施	日常巡视		3月1次			生产监控指挥中心	（7）电缆沟盖板是否完好，表面有无开裂、破损。 （8）变压器、电抗器、电容、油坑是否完好，表面有无开裂和沉降变形。 （9）金属构支架表面有无脱漆和锈蚀，连接螺栓是否完好、有无缺件。 （10）围墙饰面有无大面积开裂、脱壳，有无明显沉降变形。 （11）挡土墙结构是否完好，有无开裂和变形，泄水孔有无堵塞。 （12）挖填方边坡有无明显变形和坍塌、坡顶有无结构性裂缝，坡面排水是否通畅、无孔洞。 （13）蓄水池、事故油池有无孔洞和裂缝，池体有无渗漏。 （14）设备围栏内地坪有无开裂，表面有无积水。 （15）变电站大门是否关启灵活，外露金属有无锈蚀及脱漆。 （16）桥架吊（若有），外观检查有无异常、破损，有无漏油现象。 3．标识、划线检查 （1）站内标识、标牌是否清晰、准确、粘贴位置正确，内容是否与实际相符，有无脱落、重叠、破损、缺失。 （2）站内划线是否清晰、准确、完整，划线位置及功能是否正确，有无破损、缺失

2．动态巡维

充分利用智能巡视终端的远程视频、红外测温等功能，辅助人工实现快速现场巡查、持续问题跟踪、增加巡视频率，人工按照常规运维策略同步开展，提高运维质量。

表A4 　　　　　　　　动态巡维策略表

项目	触发条件	责任专业	工作要求侧重点
基于气象或环境突变的动态智能巡视运维策略	大雪、大雾、寒潮	生产监控指挥中心	充分利用智能巡视终端对现场设备进行检查，重点关注： （1）检查设备有无放电闪络现象。 （2）检查充油充气设备有无渗漏情况，抄录表计数值。 （3）必要时对设备引线接头进行测温，检查接头有无松动、发热异常

项目	触发条件	责任专业	工作要求侧重点
基于气象或环境突变的动态智能巡视运维策略	高温、高负荷	生产监控指挥中心	充分利用智能巡视终端对现场设备进行检查，重点关注以下巡视项目： （1）油温、绕组温度、油位是否正常，有无渗漏油现象。 （2）一次设备测温是否正常
	大风、雷雨（冰雹）后	生产监控指挥中心	充分利用智能巡视终端对现场设备进行检查，重点关注： （1）检查变电站及设备上有无飘浮物。 （2）检查设备外观有无破损，有无雷击痕迹，避雷器是否动作。 （3）必要时对设备引线接头进行测温，检查接头有无松动、发热异常
	地质灾害发生后	生产监控指挥中心	充分利用智能巡视终端对现场设备进行检查，重点关注： （1）检查建筑物、构筑物有无破损，基础有无裂纹、下沉，构架有无倾斜。 （2）检查设备有无变形，导电杆、线夹、引流线有无断裂
基于保供电、迎峰度夏的动态智能巡视运维策略	迎峰度夏或有保供电需求时	生产监控指挥中心	充分利用智能巡视终端对现场设备进行检查，重点关注： （1）设备缺陷和异常是否有进一步发展趋势，影响安全运行的应在保供电到来前完成消缺。 （2）保供电期间开展设备巡视和红外测温
基于风险变化的动态智能巡视运维策略	电网风险变化	生产监控指挥中心	对于调级后管控级别为Ⅰ、Ⅱ、Ⅲ级的设备，充分运用智能巡视终端，应在风险生效前及风险期间开展设备巡视和红外测温
其他动态智能巡视运维策略	设备异常、有缺陷时	生产监控指挥中心	通过智能巡视终端监视设备缺陷和异常是否有进一步发展的趋势
	新设备投运或消缺后	生产监控指挥中心	通过智能巡视终端检查设备运行情况，必要时开展红外测温
	设备高温、重载时	生产监控指挥中心	通过智能巡视终端检查设备运行情况，开展红外测温
	设备位置需要确认时	生产监控指挥中心	需要进行设备远方倒闸操作现场无人时，可利用巡检智能巡视终端检查断路器、隔离开关位置
	事故应急巡检	生产监控指挥中心	变电站发生事故跳闸或发生设备异常，运维人员不具备现场检查条件时，可安排巡检智能巡视终端进行巡检

附录 B 输电线路运维策略

（一）架空线路运维策略表

1. 日常巡维

架空线路日常巡维策略表如表 B1 所示。

表 B1　　　　　　　　　架空线路日常巡维策略表

项目	周期				工作要求
	Ⅰ级	Ⅱ级	Ⅲ级	Ⅳ级	
精细化巡视	1年1次	1年1次	1年1次	1年1次	（1）精细化巡视由运维单位负责落实，主要通过直升机或多旋翼无人机两种方式开展，其中涉港澳台重点线路、Ⅰ/Ⅱ级管控线路、迎峰度夏及沿海Ⅰ/Ⅱ类风区重点线路优选直升机精细化巡视，其余线路可选择多旋翼无人机精细化巡视。精细化巡视原则上在 6 月底前完成，具体内容详见表 C1。 （2）开展直升机巡检作业前，线路运维单位应根据线路运行状态、隐患区段情况、缺陷复核等方面对线路机巡重点提出要求，并提供必要的线路坐标、机巡标识牌安装情况、特殊区段等资料。 （3）利用多旋翼无人机对导地线、绝缘子、金具、塔头等部位开展精细化巡视时，以可见光检查为主，条件具备时可同步开展红外测温检测工作。 （4）对于不具备机巡作业条件的线路区段，应采用高倍相机或人工登塔方式进行拍照检查，人工精细化巡视要求巡视人员必须到塔位，巡视内容包括线路本体及线行通道，具体内容详见表 C2
通道巡视	3月1次	3月1次	3月1次	3月1次	（1）通道巡视由运维单位负责落实，是专门针对线行通道环境开展的巡视工作，主要通过直升机、多旋翼无人机及人工等方式开展，目的在于及时发现线行通道中的树障、交叉跨越、建构筑物、临时施工等安全隐患，巡视内容包括导线安全距离测量和可见光隐患排查。运维单位应及时根据巡视结果动态调整特殊区段。 （2）在通道巡视周期内完成一次直升机精细化巡视可代替一次通道巡视。 （3）对于不具备机巡作业条件的线路区段，由运维单位人工开展通道巡视工作，巡视人员必须到塔位，巡视内容包括线路本体及线行通道，具体内容详见表 C2。 （4）非禁飞区线路每年至少开展 1 次全线通道建模
人工定期巡视	3月1次	3月1次	6月1次	6月1次	（1）人工定期巡视由线路运维单位负责，巡视内容包括线路本体及线行通道，具体内容详见表 C2。 （2）人工定期巡视要求巡视人员必须到塔位，巡视过程应充分利用多旋翼无人机或望远镜等工具对杆塔本体、附属设施及线行通道开展巡视检查

2. 特殊巡维

（1）架空线路特殊巡视策略表如表 B2 所示。

表 B2   架空线路特殊巡视策略表

项目	周期				工作要求（在特殊巡视周期内，已完成日常巡视的，可当作一次特殊巡视）
	关键	重要	关注	一般	
防外力破坏	（1）存在大型机械施工或者其他潜在风险，可能对线路安全运行构成影响的线路区段，1天1次；（2）固定隐患点利用视频监控代替特殊巡视，每1周开展1次安全宣传；	（1）存在大型机械施工或者其他潜在风险，可能对线路安全运行构成影响的线路区段，1天1次；（2）固定隐患点利用视频监控代替特殊巡视，每1周开展1次安全宣传；	（1）存在大型机械施工或者其他潜在风险，可能对线路安全运行构成影响的线路区段，1天1次；（2）固定隐患点利用视频监控代替特殊巡视，每2周开展1次安全宣传；	（1）存在大型机械施工或者其他潜在风险，可能对线路安全运行构成影响的线路区段，1天1次；（2）固定隐患点利用视频监控代替特殊巡视，每2周开展1次安全宣传；	（1）做好线路通道周边的施工和开挖、堆取土、建房、采石、爆破、种植等存在潜在风险的作业的巡查和监控工作，重点关注吊车、泵车等大型作业机械，防范外力破坏风险。（2）对存在可能影响线路安全运行的风险点，应做好风险辨识，利用多旋翼无人机、在线监测等智能装备开展针对性的特巡。（3）固定外力破坏隐患点应安装视频监控。（4）各运维单位应与外力破坏隐患点责任方建立双向安全交底机制，运维单位应通过下发安全隐患通知书、现场安全交底、设置警示标志牌、向政府报备等措施切实做好安全风险揭示及管控工作；各运维单位应要求外力破坏隐患点责任方对线路保护区内计划开展的施工作业向运维单位及时交底，双方协商制定有效的安全管控措施。（5）视频监控装置应可监控线路隐患区段整体情况，无明显监控盲点。（6）各运维单位通过系统维护防外力破坏隐患区段信息，系统自动派发巡视计划，视频巡视按照图片推送频率不少于1h推送1次，运维单位通过系统 PC 端或移动端查看监控结果。（7）各运维单位通过系统 PC端或移动端及时查看告警图片，并进行告警确认，确认告警时长不超过 1h，完成告警闭环。

项目	周期				工作要求（在特殊巡视周期内，已完成日常巡视的，可当作一次特殊巡视）
	关键	重要	关注	一般	
防外力破坏	（3）必要时安排值守	（3）必要时安排值守	（3）必要时安排值守	（3）必要时安排值守	（8）未安装视频监控或装置出现故障无法满足监控巡视周期要求，但有外委人员进行特巡或群众护线，则运维单位人员的巡视频率不少于1周1次，外委人员巡视频率不低于1周2次
防树障	（1）速生期（4～10月）： 1）1月2次； 2）对于基本达到自然生长高度的，巡视周期可延长到1月1次。 （2）非速生期：结合其他巡视开展	（1）速生期（4～10月）： 1）1月2次； 2）对于基本达到自然生长高度的，巡视周期可延长到1月1次。 （2）非速生期：结合其他巡视开展	（1）速生期（4～10月）：1月1次； （2）非速生期：结合其他巡视开展	（1）速生期（4～10月）：1月1次； （2）非速生期：结合其他巡视开展	（1）加强对树木速生区段的巡视检查，发现影响线路安全运行的隐患应及时采取修剪、砍伐等措施。 （2）各运维单位可根据气象条件及现场树木实际生长情况，必要时适当缩短巡视周期。 （3）各运维单位通过系统维护防树障隐患区段信息，系统自动派发巡视计划。 （4）测量树木与导线的距离，优先使用多旋翼无人机开展三维建模，建立树障隐患档案，并进行动态更新。 （5）条件允许的单位可安装树障视频监控装置，并安排人员定期查看视频监控结果；对于通过视频监控可明显掌握树木生长情况的隐患点，可将速生期的巡视周期调整到1月1次
防飘挂物	（1）特巡工作结合日常巡视进行； （2）大风天气预警前及大风过后，各开展防飘挂物特巡1次； （3）隐患点若已安装视频监控的，可利用视频监控代替特殊巡视	（1）特巡工作结合日常巡视进行； （2）大风天气预警前及大风过后，各开展防飘挂物特巡1次； （3）隐患点若已安装视频监控的，可利用视频监控代替特殊巡视	（1）特巡工作结合日常巡视进行； （2）大风天气预警前及大风过后，各开展防飘挂物特巡1次； （3）隐患点若已安装视频监控的，可利用视频监控代替特殊巡视	（1）特巡工作结合日常巡视进行； （2）大风天气预警前及大风过后，各开展防飘挂物特巡1次； （3）隐患点若已安装视频监控的，可利用视频监控代替特殊巡视	（1）对线路周边飘挂物密集区进行集中治理，同时对重点区段加强监督和巡视，必要时对易飘物进行固定。 （2）加强对沿线群众的宣传力度，及时告知飘挂异物引起的线路跳闸存在的隐患，广泛普及电力设施保护常识。 （3）结合当地风俗，在传统节日及庆典活动期间开展防飘挂物特巡工作。 （4）视频监控装置应可监控防飘挂物隐患区段整体情况，包括线行周围环境及导线异物。

项目	周期				工作要求（在特殊巡视周期内，已完成日常巡视的，可当作一次特殊巡视）
	关键	重要	关注	一般	
防飘挂物	（1）特巡工作结合日常巡视进行； （2）大风天气预警前及大风过后，各开展防飘挂物特巡1次； （3）隐患点若已安装视频监控的，可利用视频监控代替特殊巡视	（1）特巡工作结合日常巡视进行； （2）大风天气预警前及大风过后，各开展防飘挂物特巡1次； （3）隐患点若已安装视频监控的，可利用视频监控代替特殊巡视	（1）特巡工作结合日常巡视进行； （2）大风天气预警前及大风过后，各开展防飘挂物特巡1次； （3）隐患点若已安装视频监控的，可利用视频监控代替特殊巡视	（1）特巡工作结合日常巡视进行； （2）大风天气预警前及大风过后，各开展防飘挂物特巡1次； （3）隐患点若已安装视频监控的，可利用视频监控代替特殊巡视	（5）各运维单位通过系统维护防飘挂物隐患区段信息，系统自动派发巡视计划，视频巡视按照图片推送频率不少于1h推送1次，运维单位通过系统PC端或移动端查看监控结果。 （6）各运维单位通过系统PC端或移动端及时查看告警图片，并进行告警确认，确认告警时长不超过1h，完成告警闭环。 （7）视频监控装置出现故障无法满足监控巡视周期要求的，运维单位人工开展巡视
防外力碰撞	（1）未安装视频监控的区段，1月2次； （2）安装视频监控的区段，可利用视频监控代替特殊巡视	（1）未安装视频监控的区段，1月2次； （2）安装视频监控的区段，可利用视频监控代替特殊巡视	（1）未安装视频监控的区段，1月1次； （2）安装视频监控的区段，可利用视频监控代替特殊巡视	（1）未安装视频监控的区段，1月1次； （2）安装视频监控的区段，可利用视频监控代替特殊巡视	（1）对跨航道的线路或易撞杆塔进行巡视检查和测量，确保航道警示、防撞设施完好，导线对水面距离符合相关要求，发现不满足要求的线路应及时与航道部门取得联系，采取必要的监控和预防措施。 （2）对不满足道路防撞要求的杆塔应及时采取必要的警示和防撞措施。 （3）视频监控装置应可监控防外力碰撞隐患区段的整体情况，包括警示、防撞措施。 （4）各运维单位通过系统维护防外力碰撞隐患区段信息，系统自动派发巡视计划，视频巡视按照图片推送频率不少于1h推送1次，运维单位通过系统PC端或移动端查看监控结果。 （5）各运维单位通过系统PC端或移动端及时查看告警图片，并进行告警确认，确认告警时长不超过1h，完成告警闭环。 （6）条件允许的单位应安装防外力碰撞预警装置。 （7）视频监控装置出现故障无法满足监控巡视周期要求的，运维单位人工开展巡视

续表

项目	周期				工作要求（在特殊巡视周期内，已完成日常巡视的，可当作一次特殊巡视）
	关键	重要	关注	一般	
防雷击 （4～ 9月）	必要时	必要时	必要时	必要时	（1）综合分析雷害分布图、线路雷击跳闸、杆塔耐雷水平、地形地貌等因素，制定并落实综合防雷措施。 （2）开展雷电定位系统维护工作，对线路坐标进行核对，按计划完成杆塔接地电阻检测和防雷修理改造项目。 （3）查找雷击跳闸故障点，对发生雷击闪络的绝缘子，根据受损情况进行更换。 （4）结合巡视及红外测温工作对线路避雷器等线路防雷设施进行检查，按照抽检方案对线路避雷器进行运行抽检。 （5）每年雷雨季节前至少记录一次避雷器放电计数器指示数，并对避雷器动作情况进行统计分析
防鸟害	（1）未安装视频监控的区段。频发期（3～8月）： 1）2天1次； 2）已安装有效防鸟措施的，可延长到7天1次。 （2）安装视频监控的区段：可利用视频监控代替鸟害隐患特巡。	（1）未安装视频监控的区段。频发期（3～8月）： 1）3天1次； 2）已安装有效防鸟措施的，可延长到7天1次。 （2）安装视频监控的区段：可利用视频监控代替鸟害隐患特巡。	（1）未安装视频监控的区段。频发期（3～8月）： 1）1周1次； 2）已安装有效防鸟措施的，可延长到1月2次。 （2）安装视频监控的区段：可利用视频监控代替鸟害隐患特巡。	（1）未安装视频监控的区段。频发期（3～8月）： 1）1周1次； 2）已安装有效防鸟措施的，可延长到1月2次。 （2）安装视频监控的区段：可利用视频监控代替鸟害隐患特巡。	（1）制定防鸟害年度工作计划，根据鸟类迁徙活动规律和线路巡视情况划定鸟害区，滚动修编鸟害隐患清册。 （2）鸟类活动频繁季节前，对安装的防鸟设施完好情况和防鸟效果进行检查，确保防鸟设施完好可用。 （3）根据鸟害规律开展防鸟害特巡，及时发现和消除危及线路运行的鸟巢隐患，及时调整鸟害特殊区段。 （4）安装人工鸟巢、防鸟刺、防鸟挡板等有效防控设施，积极探索，采用新技术、新方法防止鸟害故障，并巡查评估效果。 （5）条件允许的单位应安装视频监控装置，安装的视频监控装置应可监控鸟类活动及鸟巢情况。 （6）各运维单位通过系统维护鸟害隐患区段信息，系统自动派发巡视计划，视频

续表

项目	周期				工作要求（在特殊巡视周期内，已完成日常巡视的，可当作一次特殊巡视）
	关键	重要	关注	一般	
防鸟害	（3）其他时期：结合其他巡视开展	（3）其他时期：结合其他巡视开展	（3）其他时期：结合其他巡视开展	（3）其他时期：结合其他巡视开展	巡视按照图片推送频率不少于1h推送1次，运维单位通过系统 PC 端或移动端查看监控结果。 （7）各运维单位通过系统 PC 端或移动端及时查看告警图片，并进行告警确认，确认告警时长不超过 1h，完成告警闭环。 （8）视频监控装置出现故障无法满足监控巡视周期要求的，运维单位人工开展巡视
防污闪（11～次年3月）	（1）积污期超过40天，且湿度超过85%时，开展特巡（夜巡），对防污爬电监测点开展夜巡1周1次； （2）必要时	（1）积污期超过40天，且湿度超过85%时，开展特巡（夜巡），对防污爬电监测点开展夜巡1周1次； （2）必要时	（1）积污期超过60天，且湿度超过85%时，开展特巡（夜巡），对防污爬电监测点开展夜巡1周1次； （2）必要时	（1）积污期超过60天，且湿度超过85%时，开展特巡（夜巡），对防污爬电监测点开展夜巡1周1次； （2）必要时	（1）制定防污闪年度工作计划，做好污秽区绝缘子的调爬、清扫（洗）和更换工作，积污季前应完成爬距配置不足绝缘子的调爬工作。 （2）对于涂敷了防污闪涂料的绝缘子，检查防污闪涂料是否有蚀损、漏电起痕、树枝状放电、电弧烧伤痕迹以及脏污、粉化、龟裂、起皮和脱落等现象。 （3）根据积污情况及天气状况及时开展特巡（夜巡）工作，巡视中发现爬电严重情况，应及时采取停电清扫（洗）、带电水冲洗等措施。 （4）利用无人机红外测温、污秽在线监测跟踪查看对运行复合绝缘子进行检查，及时更换劣化和受损复合绝缘子，按照抽检方案开展复合绝缘子运行抽检。 （5）污秽度测量点的布点应科学合理地反映当地大气的污秽情况，并根据周围环境的变化进行动态管理，污秽成分复杂和有新增污染源地段应当增加测量点。 （6）各运维单位应选取不少于 3 基不同输电线路的杆塔作为防污爬电监测点，每周开展 1 次防污闪特巡，发

续表

项目	周期				工作要求（在特殊巡视周期内，已完成日常巡视的，可当作一次特殊巡视）
	关键	重要	关注	一般	
防污闪（11～次年3月）	（1）积污期超过40天，且湿度超过85%时，开展特巡（夜巡），对防污爬电监测点开展夜巡1周1次；（2）必要时	（1）积污期超过40天，且湿度超过85%时，开展特巡（夜巡），对防污爬电监测点开展夜巡1周1次；（2）必要时	（1）积污期超过60天，且湿度超过85%时，开展特巡（夜巡），对防污爬电监测点开展夜巡1周1次；（2）必要时	（1）积污期超过60天，且湿度超过85%时，开展特巡（夜巡），对防污爬电监测点开展夜巡1周1次；（2）必要时	现设备存在爬电缺陷应及时开展清扫，并扩大防污闪特巡范围、对全局所辖输变电设备全面开展一次防污闪特巡。（7）所选取污闪隐患点需报送公司生产技术部审核，每周防污闪特巡（夜巡）情况及时向公司生产技术部反馈。电力科学研究院每周跟进隐患点防污闪特巡情况。（8）防污爬电监测点（污闪隐患点）选取原则：曾发生过污闪、爬电缺陷的；位于d、e级重污区，优先选取沿海20km范围内的；爬距配置不满足要求的；附近存在垃圾场、发电厂、砖石场、化工厂等特殊污染源的；积污期大于60天的；受微地形、微气象影响的
防山火（10～次年4月）	（1）特巡工作结合日常巡视进行；（2）清明、重阳、春节等易发生山火的时期，开展防山火特巡；（3）山火隐患点若已安装视频监控的，可利用视频监控代替特殊巡视	（1）特巡工作结合日常巡视进行；（2）清明、重阳、春节等易发生山火的时期，开展防山火特巡；（3）山火隐患点若已安装视频监控的，可利用视频监控代替特殊巡视	（1）特巡工作结合日常巡视进行；（2）清明、重阳、春节等易发生山火的时期，开展防山火特巡；（3）山火隐患点若已安装视频监控的，可利用视频监控代替特殊巡视	（1）特巡工作结合日常巡视进行；（2）清明、重阳、春节等易发生山火的时期，开展防山火特巡；（3）山火隐患点若已安装视频监控的，可利用视频监控代替特殊巡视	（1）建立与政府防火办、气象和林业等部门的防火联动机制，及时获取山火信息，做好计划炼山信息收集，并进行现场监控，必要时开展值守，严防计划炼山造成线路跳闸。（2）开展烧山、烧荒隐患的排查，滚动修编山火隐患清册，加强山火隐患点风险防控，严防由于高秆植物对线路安全距离不足导致的山火事件。（3）充分利用卫星监测及在线监测等技术手段，开展输电线路山火监测预警，实现对火情的及早发现和准确判断。（4）对易发生山火区域，线路设备的金具等连接部位应在每年9月底前开展一次红外检测。（5）发生山火时，运维人员到达现场后，按电网公司

项目	周期				工作要求（在特殊巡视周期内，已完成日常巡视的，可当作一次特殊巡视）
	关键	重要	关注	一般	
防山火（10～次年4月）	（1）特巡工作结合日常巡视进行； （2）清明、重阳、春节等易发生山火的时期，开展防山火特巡； （3）山火隐患点若已安装视频监控的，可利用视频监控代替特殊巡视	（1）特巡工作结合日常巡视进行； （2）清明、重阳、春节等易发生山火的时期，开展防山火特巡； （3）山火隐患点若已安装视频监控的，可利用视频监控代替特殊巡视	（1）特巡工作结合日常巡视进行； （2）清明、重阳、春节等易发生山火的时期，开展防山火特巡； （3）山火隐患点若已安装视频监控的，可利用视频监控代替特殊巡视	（1）特巡工作结合日常巡视进行； （2）清明、重阳、春节等易发生山火的时期，开展防山火特巡； （3）山火隐患点若已安装视频监控的，可利用视频监控代替特殊巡视	防山火工作导则的现场监控要求开展相关工作；山火后，及时开展线路绝缘子、避雷器等设备的检查工作，及时报送山火查线信息至电力科学研究院。 （6）运用夜视无人机、红外无人机、固定翼无人机、有人直升机等先进机巡工器具，强化"防山火"工作。 （7）视频监控装置应可监控防山火隐患区段整体情况，包括线路周边山林环境。 （8）各运维单位通过系统维护山火隐患区段信息，系统自动派发巡视计划，常规巡视按照图片推送频率不少于1h推送1次，运维单位通过系统PC端或移动端查看监控结果。 （9）各运维单位通过系统PC端或移动端及时查看告警图片，并进行告警确认，确认告警时长不超过1h，完成告警闭环。 （10）视频监控装置出现故障无法满足监控巡视周期要求的，运维单位人工开展巡视
防风防汛（4～10月）	（1）安装视频监控的区段，可利用视频监控代替特殊巡视； （2）未安装视频监控的区段，1月1次	（1）安装视频监控的区段，可利用视频监控代替特殊巡视； （2）未安装视频监控的区段，1月1次	（1）安装视频监控的区段，可利用视频监控代替特殊巡视； （2）未安装视频监控的区段，1月1次	（1）安装视频监控的区段，可利用视频监控代替特殊巡视； （2）未安装视频监控的区段，1月1次	（1）按照"灾前防、灾中守、灾后抢"要求，开展线路防风防汛工作。 （2）每年4月底前完成对排水沟、挡土墙等防水设施的维护及对易塌方、滑坡隐患点的整治工作。 （3）在台风或强降雨来临之前，运维单位对可能出现滑坡现象的区段及杆塔拉线、基础护坡、杆塔所在山体、排水沟、挡土墙等进行隐患排查，对可能影响线路运行安全的树障、飘挂物进行清理，根据排查结果，提前采取防控措施，并做好应急抢修队伍及物资的准备工作。

项目	周期				工作要求（在特殊巡视周期内，已完成日常巡视的，可当作一次特殊巡视）
	关键	重要	关注	一般	
防风防汛（4～10月）	（1）安装视频监控的区段，可利用视频监控代替特殊巡视；（2）未安装视频监控的区段，1月1次	（1）安装视频监控的区段，可利用视频监控代替特殊巡视；（2）未安装视频监控的区段，1月1次	（1）安装视频监控的区段，可利用视频监控代替特殊巡视；（2）未安装视频监控的区段，1月1次	（1）安装视频监控的区段，可利用视频监控代替特殊巡视；（2）未安装视频监控的区段，1月1次	（4）在台风或强降雨期间，按照网省公司要求做好特巡及值守工作。（5）在台风或强降雨后，在天气状况允许条件下，运用"人机协同"工作模式开展灾后巡查及事故抢修工作。（6）视频监控装置应可以监控杆塔基础护坡、杆塔所在山体、排水沟、挡土墙、杆塔拉线等位置及设备。（7）各运维单位通过系统防风防汛隐患区段信息，系统自动派发巡视计划，常规巡视按图片推送频率不少于1h推送1次，运维单位通过系统PC端及移动端查看监控结果。（8）各运维单位通过系统PC端或移动端及时查看告警图片，并进行告警确认，确认告警时长不超过1h，完成告警闭环。（9）视频监控装置出现故障无法满足监控巡视周期要求的，运维单位人工开展巡视
防覆冰（冰区12～次年2月）	（1）每年9～11月开展1次冰区线路排查，可结合日常巡视开展；	（1）每年9～11月开展1次冰区线路排查，可结合日常巡视开展；	（1）每年9～11月开展1次冰区线路排查，可结合日常巡视开展；	（1）每年9～11月开展1次冰区线路排查，可结合日常巡视开展；	（1）按照"灾前防、灾中守、灾后抢"要求，开展线路防抗冰工作。（2）在覆冰期来临前，对覆冰监测装置进行全面检查，及时消除缺陷，确保在线率符合要求，做好融冰装置消缺工作和升流试验。（3）覆冰期间，做好覆冰观测和冰情核查，及时向相关部门报送覆冰信息，当覆冰比值达到规定值时应立即启动防冰重点区段的覆冰特巡，并根据天气预报和观冰结果，及时开展融冰工作。当线路因覆冰受损时，在条件允许情况下，运用"人机协同"工作模式开展灾后巡查及事故抢修工作。

项目	周期				工作要求（在特殊巡视周期内，已完成日常巡视的，可当作一次特殊巡视）
	关键	重要	关注	一般	
防覆冰（冰区12～次年2月）	（2）12～次年2月有覆冰时开展防冰特巡	（2）12～次年2月有覆冰时开展防冰特巡	（2）12～次年2月有覆冰时开展防冰特巡	（2）12～次年2月有覆冰时开展防冰特巡	（4）覆冰期后，对发生过覆冰的线路应安排直升机、多旋翼无人机或人工进行线路巡视检查，重点关注易磨损的部位，及时发现并消除线路缺陷或隐患
重要交叉跨越/临近人口密集区或易燃易爆场所	（1）人工或视频监控开展设备本体检查，1月1次；（2）结合日常巡视对特殊区段所在耐张段开展特巡	（1）人工或视频监控开展设备本体检查，1月1次；（2）结合日常巡视对特殊区段所在耐张段开展特巡	（1）人工或视频监控开展设备本体检查，1月1次；（2）结合日常巡视对特殊区段所在耐张段开展特巡	（1）人工或视频监控开展设备本体检查，1月1次；（2）结合日常巡视对特殊区段所在耐张段开展特巡	（1）重要交叉跨越反事故措施应按要求落实。（2）对导地线、金具及绝缘子等进行外观检查及红外检测，结合大负荷测试等条件，开展导地线弧垂及跨越距离测量（至少每年1次），发现问题及时安排处理。（3）对线路周边环境开展全面的隐患排查，发现地质、外力破坏、山火等隐患应及时处理。（4）对有可能造成倒塔、断线及掉串的缺陷，应按照"提级分析、提级处理"原则进行处理，确保缺陷及时消除。（5）应编制绝缘子掉串、导地线断线等现场处置方案，落实备品备件、抢修工器具及人员，确保故障快速处理。（6）应与铁路、公路及海事等部门建立相关联动机制，及时获取相关信息，必要时开展应急演练。（7）在台风、雷暴、雨雪等恶劣天气前后，以及春运等保供电关键时段，及时开展针对性的特巡检查。（8）对于网省公司发布的特定重要交叉跨越风险，具体按照网、省公司要求开展巡维工作。（9）视频监控装置应可监控导地线、金具、绝缘子及杆塔基础的状态，确保及时发现可能造成断线、掉串及倒塔的缺陷。

项目	周期				工作要求（在特殊巡视周期内，已完成日常巡视的，可当作一次特殊巡视）
	关键	重要	关注	一般	
重要交叉跨越/临近人口密集区或易燃易爆场所	（1）人工或视频监控开展设备本体检查，1月1次； （2）结合日常巡视对特殊区段所在耐张段开展特巡	（1）人工或视频监控开展设备本体检查，1月1次； （2）结合日常巡视对特殊区段所在耐张段开展特巡	（1）人工或视频监控开展设备本体检查，1月1次； （2）结合日常巡视对特殊区段所在耐张段开展特巡	（1）人工或视频监控开展设备本体检查，1月1次； （2）结合日常巡视对特殊区段所在耐张段开展特巡	（10）各运维单位通过系统维护重要交叉跨越/临近人口密集区或易燃易爆场所区段信息，系统自动派发巡视计划，视频巡视按照图片推送频率不少于1h推送1次，运维单位通过系统PC端或移动端查看监控结果。 （11）各运维单位通过系统PC端或移动端及时查看告警图片，并进行告警确认，确认告警时长不超过1h，完成告警闭环。 （12）500kV线线交叉跨越巡视在保证安全的前提下，优先采用无人机开展，数据上传机巡管理系统交叉跨越管理模块存档
大跨越	（1）安装视频监控的区段，可利用视频监控代替特殊巡视； （2）未安装视频监控的区段，1月1次	（1）安装视频监控的区段，可利用视频监控代替特殊巡视； （2）未安装视频监控的区段，1月1次	（1）安装视频监控的区段，可利用视频监控代替特殊巡视； （2）未安装视频监控的区段，1月1次	（1）安装视频监控的区段，可利用视频监控代替特殊巡视； （2）未安装视频监控的区段，1月1次	（1）应根据线路运行环境、线路特点和运行经验，利用无人机有针对性开展外观检查及红外测温工作，重点关注导地线及金具易磨损部位。 （2）怀疑导地线存在异常振动时，应对导、地线进行振动测量。 （3）适当缩短大跨越区段的接地电阻测量周期。 （4）应做好长期的气象、覆冰、雷电、水文的观测记录和分析工作，针对存在边坡的大跨越区段，应组织开展边坡专业评估。 （5）视频监控装置应可监控大跨越区段整体情况，包括杆塔基础、周边环境及相关安健环设施。 （6）各运维单位通过系统维护大跨越区段信息，系统自动派发巡视计划，视频巡视按照图片推送频率不少于1h推送1次，运维单位通过系统PC端或移动端查看监控结果。

续表

项目	周期				工作要求（在特殊巡视周期内，已完成日常巡视的，可当作一次特殊巡视）
	关键	重要	关注	一般	
大跨越	（1）安装视频监控的区段，可利用视频监控代替特殊巡视； （2）未安装视频监控的区段，1月1次	（1）安装视频监控的区段，可利用视频监控代替特殊巡视； （2）未安装视频监控的区段，1月1次	（1）安装视频监控的区段，可利用视频监控代替特殊巡视； （2）未安装视频监控的区段，1月1次	（1）安装视频监控的区段，可利用视频监控代替特殊巡视； （2）未安装视频监控的区段，1月1次	（7）各运维单位通过系统PC端或移动端及时查看告警图片，并进行告警确认，确认告警时长不超过1h，完成告警闭环。 （8）视频监控装置出现故障无法满足监控巡视周期要求的，运维单位人工开展巡视
故障巡视	必要时	必要时	必要时	必要时	（1）线路跳闸后，线路专业人员应及时开展故障巡视，利用多旋翼无人机、夜视无人机、红外无人机、固定翼无人机、有人直升机等技术手段对故障点情况及周边环境进行详细检查，并及时报送故障原因分析报告。 （2）跳闸线路安装有视频监控装置的，线路跳闸后应安排专人对跳闸时间前后的视频监控数据进行排查，协助寻找故障原因

（2）架空线路动态巡视策略表如表 B3 所示。

表 B3   架空线路动态巡视策略表

触发条件	周期	工作要求	说明
电网风险	必要时	（1）对于基于问题的电网运行风险，各地市供电局应及时调整输电线路的重要度及管控级别，并按照调整后的管控级别及重要度开展日常巡视、特殊巡视及专业检测工作，巡维结果及时向本单位生产技术部及相应部门反馈。 （2）对于存在一级事件及以上严重后果和220kV及以上线路存在二级事件严重后果的基于问题的电网运行风险，各地市供电局、机巡管理中心及电力科学研究院应协同合作，发挥各自优势，共同开展输电线路运行风险防控工作。 （3）对于影响线路安全运行的缺陷及隐患，应在电网风险生效前开展缺陷治理及隐患防控工作。 （4）在风险生效前开展有针对性的全线巡维工作，运维部门应在风险生效前3天内开展全线巡维工作，风险生效前30日内已巡维的线路区段属于有效巡维周期，可不再重复巡维；存在Ⅲ级及以上电网风险的保供电线路需在风险前开展有针对性的特殊区段巡维工作	利用直升机、固定翼无人机及多旋翼无人机、视频监控与人工相结合开展

续表

触发条件	周期	工作要求	说明
气象突变	必要时	在大风、雷雨及寒潮等恶劣天气前后，条件允许时针对线路相应的特殊区段开展巡维工作	利用直升机、固定翼无人机及多旋翼无人机、视频监控与人工相结合开展
保供电	必要时	（1）各地市供电局应及时调整输电线路的重要度及管控级别，并按照调整后的管控级别及重要度开展日常巡维、特殊巡视及专业检测工作，巡维结果及时向本单位生产技术部及相应部门反馈。 （2）具体工作要求按照保供电方案执行。 （3）对于影响保供电线路安全运行的缺陷及隐患，应在保供电之前开展缺陷治理及隐患防控工作	利用直升机、固定翼无人机及多旋翼无人机、视频监控与人工相结合开展
线路或断面重过载	必要时	（1）迎峰度夏期间，各地市供电局对重过载线路开展专项全线红外测温，重点关注导地线接续金具、跳线引流板等电流致热型元件。 （2）对重过载线路的特殊区段开展导地线弧垂及跨越距离测量，发现问题及时安排处理	利用直升机、固定翼无人机及多旋翼无人机、视频监控与人工相结合开展

（3）架空线路专业检测策略表如表 B4 所示。

表 B4　　　　　　　　　架空线路专业检测策略表

项目	周期				工作要求	说明
	关键	重要	关注	一般		
红外测温	（1）1 年 2次； （2）必要时	（1）1 年 2次； （2）必要时	（1）1 年 1次； （2）必要时	（1）1 年 1次； （2）必要时	（1）针对导地线接续金具、跳线引流板等电流致热型元件，应在高温、线路负荷较大时进行红外测温。 （2）针对瓷质或复合绝缘子等电压致热型元件，宜在无风或微风天气开展红外测温。 （3）瓷质绝缘子的抽检比例不低于5%，采用直升机、无人机或人工检测。 （4）复合绝缘子红外测温应利用直升机、无人机开展全面检测，直升机、	（1）参照 DL/T 664—2016《带电设备红外诊断应用规范》执行。 （2）利用直升机、无人机或人工登塔检测

续表

项目	周期				工作要求	说明
	关键	重要	关注	一般		
红外测温	(1)1年2次; (2)必要时	(1)1年2次; (2)必要时	(1)1年1次; (2)必要时	(1)1年1次; (2)必要时	无人机未覆盖的,则人工登塔抽检5%(重点针对运行时间超过 7 年的复合绝缘子开展)。对于检测发现问题的绝缘子,应对同批次(同厂家同年份生产同电压等级)产品扩大测量范围。 (5)针对避雷器(电压致热型元件),对带复合绝缘子间隙的线路避雷器进行红外测温,重点检查绝缘子及导电连接部位;对于杆塔上安装的无间隙金属氧化物避雷器,按照电缆部分无间隙金属氧化物避雷器要求执行。 (6)加强对绝缘地线及未加引流条的非绝缘地线金具串的红外测温	(1)参照 DL/T 664—2016《带电设备红外诊断应用规范》执行。 (2)利用直升机、无人机或人工登塔检测
接地电阻测量	(1)2年1次; (2)必要时	(1)2年1次; (2)必要时	(1)5年1次; (2)进线段2年1次; (3)必要时	(1)5年1次; (2)进线段2年1次; (3)必要时	(1)杆塔接地电阻测量结果满足企业标准要求,对于不满足接地电阻要求的接地网以及对防雷要求较高的杆塔接地网实施改造。 (2)高度40m以下的杆塔,如土壤电阻率很高,接地电阻难以降到30Ω,可采用6~8根总长不超过 500m 的放射形接地体或连续伸长接地体(参照GB/T 50065—2011《交流电气装置的接地设计规范》执行),其接地电阻可	(1)基建工程交接验收时必须采用三极法布线测量,并用钳表法测量比对,如果两者结果一致,运行期间才能用钳表法直接测量,测量方法和要求参照 DL/T 475—2017《接地装置特性参数测量导则》和 DL/T 887—2004《杆塔工频接地电阻测量》执行。

项目	周期				工作要求	说明
	关键	重要	关注	一般		
接地电阻测量	(1)2年1次；(2)必要时	(1)2年1次；(2)必要时	(1)5年1次；(2)进线段2年1次；(3)必要时	(1)5年1次；(2)进线段2年1次；(3)必要时	不受限。但对于高度达到或超过40m的杆塔，其接地电阻也不宜超过20Ω	(2)线路杆塔改造后的测量程序和要求同交接验收。(3)必要时，如线路雷击绝缘子闪络等故障后、怀疑杆塔地网锈断时、放射延长线存在人为偷盗或雨水冲刷等外力因素破坏时
交叉跨越测量	(1)1年1次；(2)必要时	(1)1年1次；(2)必要时	(1)1年1次；(2)必要时	(1)220kV及以上：1年1次；(2)110kV及以下：线路投入运行1年后测量1次；(3)必要时	(1)在高温且高负荷时对交叉跨越进行测量，并进行校核计算。(2)环境发生变化导致交叉跨越距离发生改变时应开展复测并验算。(3)应对新增加的交叉跨越进行测量并做好相应记录	利用直升机、无人机或人工检测
杆塔倾斜、挠度测量	必要时	必要时	必要时	必要时	(1)根据实际情况选点测量。(2)新投运线路所有转角塔应在2年内测量1次	必要时：如有杆塔基础周边有填土、冲刷等
基础沉降测量	必要时	必要时	必要时	必要时	根据实际情况选点测量	必要时：如有杆塔基础冲刷
导地线振动测量	必要时	必要时	必要时	必要时	针对大跨越区段开展，可通过触摸杆塔及倾听检查大跨越区段是否有异常振动及声响	必要时：怀疑大跨越区段导地线存在异常振动时

3. 预防性试验

(1) 架空线路整体预防性试验如表B5所示。

表 B5 架空线路整体预防性试验

项目	周期	要求	说明
线路的绝缘电阻（有带电的平行线路时不测）	必要时	根据实际情况综合判断，例如绝缘电阻在兆欧级则合格	必要时：导地线、绝缘子大规模检修改造等；采用 2500V 及以上的绝缘电阻表
检查相位	必要时	线路两端相位应一致	必要时：线路连接有变动时

（2）盘形悬式绝缘子预防性试验如表 B6 所示。

表 B6 盘形悬式绝缘子预防性试验

项目	周期	要求	说明
绝缘子表面的污秽度[等值附盐密度（equivalent salt deposit density，ESDD）和非可溶性沉积物密度（non soluble deposite dentisty，NSDD）]	（1）模拟绝缘子串：1 年；（2）运行绝缘子串：3 年	当爬距配置不满足所测污秽度要求时，应根据情况采取调爬、清扫、防污闪涂料等措施	（1）应分别在户外线路每 5～30km 能代表当地污秽程度的至少一串悬垂绝缘子（或悬挂试验串）上取样，测量应在当地污秽最重的时期进行。（2）模拟绝缘子取样可带电进行
绝缘子表面清扫	必要时	（1）根据污秽情况、积污周期、盐密灰密测量、运行经验开展。（2）已喷涂防污闪涂料的可不清扫	必要时：如根据天气状况（积污天数）、绝缘子表面积污情况或防污特巡结果考虑需要进行清扫时
防污闪涂料检测	（1）投运后 3 年内检测一次，根据检测结果确定后续检测周期；（2）必要时	（1）需注意涂料表面有无粉化、龟裂、起皮和脱落等问题，防污闪涂料运行维护要求参照 DL/T 627—2018《绝缘子用常温固化硅橡胶防污闪涂料》执行。（2）涂料憎水性检测结合检修进行人工登塔抽检，也可通过直升机或无人机进行	—
瓷质绝缘子零值检测	110kV 以上线路投运 3 年内普测 1 次，然后 500kV 线路每 6 年 1 次，220kV 及以下线路每 9 年 1 次	对于投运 3 年内年均劣化率大于 0.04%、2 年后检测周期内年均劣化率大于 0.02%，或年劣化率大于 0.1%，应分析原因，并采取相应的措施	（1）参照 DL/T 626—2015《劣化悬式绝缘子检测规程》执行。

续表

项目	周期	要求	说明
瓷质绝缘子零值检测	110kV 以上线路投运3 年内普测 1 次，然后500kV 线路每 6 年 1 次，220kV 及以下线路每 9年 1 次	对于投运 3 年内年均劣化率大于 0.04%、2 年后检测周期内年均劣化率大于 0.02%，或年劣化率大于 0.1%，应分析原因，并采取相应的措施	（2）在运行电压下测量电压分布（或火花间隙），有争议时，以绝缘电阻法为准。（3）对多元件针式绝缘子应检测每一元件
瓷质绝缘子绝缘电阻	110kV 以上线路投运3 年内普测 1 次，然后500kV 线路每 6 年 1 次，220kV 及以下线路每 9 年1 次	（1）220kV 以下电压等级悬式绝缘子的绝缘电阻不应低于 300MΩ，500kV 及以上电压等级悬式绝缘子电阻不应低于 500MΩ。（2）半导体釉绝缘子的绝缘电阻自行规定	采用2500V 绝缘电阻表
瓷质绝缘子交流耐压试验	（1）随主设备；（2）更换绝缘子时	对机械破坏负荷为60～530kN 级的绝缘子，施加 60kV 干工频耐受电压 1min，应无闪络或击穿	—

注 运行中瓷质盘形悬式绝缘子的试验项目可在检查零值、绝缘电阻及交流耐压试验中任选一项。

（3）复合绝缘子预防性试验如表 B7 所示。

表 B7 复合绝缘子预防性试验

项目	周期	要求	说明
外观和憎水性检查	必要时	结合检修进行人工登塔抽检，也可通过直升机或无人机进行	外观和憎水性检查按照 DL/T 1000.3—2015《标称电压高于 1000V架空线路用绝缘子使用导则 第 3 部分：交流系统用棒形悬式复合绝缘子》执行
紫外检测	必要时	条件具备的单位针对 220kV 及以上线路开展，伞裙和护套发现明显放电信号时应进行抽检	参照 DL/T 345—2019《带电设备紫外诊断技术应用导则》执行
复合绝缘子检测	（1）10 年；（2）必要时	（1）110kV 及以上线路同批次（同厂家同年份生产同电压等级）复合绝缘子投运第 10 年抽查，以后至少每 6 年抽查 1 次。（2）对经检测不满足安全运行要求的复合绝缘子进行更换，并对同批次（同厂家同年份生产同电压等级）产品扩大抽检范围	抽检比例和试验项目按 DL/T 1000.3—2015《标称电压高于 1000V架空线路用绝缘子使用导则 第 3 部分：交流系统用棒形悬式复合绝缘子》执行

（4）带串联间隙金属氧化物避雷器预防性试验如表 B8 所示。

表 B8　　　　　　　带串联间隙金属氧化物避雷器预防性试验

项目	周期	要求	说明
避雷器放电计数器或在线监测仪检查	至少每年雷雨季节前进行 1 次	（1）雷雨季节前至少记录一次避雷器放电计数器指示数。 （2）放电计数器外观完好，连接线牢固，内部无积水现象	—
本体和（或）支撑件绝缘电阻	必要时	不小于 2500MΩ	针对抽检的避雷器
本体直流1mA电压 U_{1mA} 及 $0.75U_{1mA}$ 下的泄漏电流	必要时	（1）不低于 GB/T 11032—2020《交流无间隙金属氧化物避雷器》规定值。 （2）U_{1mA} 实测值与初始值或制造厂规定值比较，变化不应超过±5%。 （3）$0.75U_{1mA}$ 下的泄漏电流不应大于 50μA	针对抽检的避雷器
本体运行电压下的交流泄漏电流测试	必要时	（1）测量运行电压下全电流、阻性电流或功率损耗，测量值与初始值比较不应有明显变化。 （2）测量值与初始值比较，当阻性电流增加 50%时应该分析原因；当阻性电流增加 1 倍时应退出运行	针对抽检的避雷器
本体工频参考电流下的工频参考电压	必要时	应符合 GB/T 11032—2020《交流无间隙金属氧化物避雷器》或制造厂的规定	针对抽检的避雷器
避雷器放电计数器试验	怀疑有缺陷时	测试 3～5 次，均应正常动作	—

注　1. 线路用带串联间隙金属氧化物避雷器主要强调抽样试验，必要时指：1）每年根据运行年限和放电动作次数等因素确定抽样比例，将运行时间比较长或动作次数比较多的避雷器拆下进行预防性试验，试验合格、状态完好的避雷器宜作为备品；2）怀疑避雷器有缺陷时。
　　2. 对于杆塔上安装的无间隙金属氧化物避雷器，按照电缆部分无间隙金属氧化物避雷器要求执行。

4. 检修维护

架空线路检修维护如表 B9 所示。

表 B9   架空线路检修维护

项目	周期	要求	备注
导线、地线［不含光纤复合架空地线（optical cable with overhead ground wire，OPGW）］线夹开夹检查	必要时	（1）落实南方电网重要交叉跨越反事故措施要求。 （2）雷击跳闸后的杆塔应结合线路停电检修打开导地线线夹进行检查。 （3）投运年限达 10 年及以上的线路，每 5 年对重要交叉跨越区段、大高差、大档距的杆塔进行抽查	针对普通悬垂线夹进行，采用预绞式金具或缠绕预绞式护线条的不作要求
间隔棒检查	（1）必要时； （2）线路检修时	（1）状态完好，无松动、胶垫脱落等情况。 （2）500kV 及以上线路投运 1 年内（含竣工验收阶段），检查紧固情况，以后进行抽查	—
阻尼设施（防振金具）的检查	（1）必要时； （2）线路检修时	无磨损、松动及移位等情况	—
铁塔防腐处理	必要时	根据铁塔锈蚀情况进行	必要时：如杆塔构件有严重锈蚀时
防雷装置及接地装置开挖检查和维修	必要时	（1）根据巡视、测试结果进行抽检。 （2）对于运行 30 年以上的老旧线路，埋入地下的拉线、接地网等金属部件开挖抽查比例不宜低于 10%。 （3）对焊接点及虚焊部位加强焊接、增加搭接长度。 （4）对腐蚀状况较为严重的杆塔接地引下线导体进行更换或补强。 （5）对外露的接地极实施掩埋、作防腐处理，重要交叉跨越和大跨越区段应适当缩短接地电阻测量周期。 （6）对螺栓松动的接地引下线，需紧固或更换连接螺栓、压接件，加防松垫片	必要时：测量发现接地电阻相对上次测量变化明显时
铁塔、混凝土杆各部位螺栓紧固	必要时	重要交叉跨越区段、中重冰区和沿海强风区线路，投运 3 年内，验收阶段未进行杆塔螺栓紧固抽检的，应紧固一次，投运后每 10 年宜开展 1 次登塔检查，重点检查杆塔螺栓紧固及绝缘子销钉等情况，带电或结合停电检修进行，根据检查结果必要时进行紧固	必要时：如螺栓连接的构件有松动时
巡视便道修缮	必要时	根据巡视情况，组织对巡视便道进行修缮	—

（二）电缆线路运维策略表

1. 日常巡维

电缆线路日常巡维策略表如表 B10 所示。

表 B10　　　　　　　　　　电缆线路日常巡维策略表

项目		周期				工作要求
		Ⅰ级	Ⅱ级	Ⅲ级	Ⅳ级	
非隧道陆地电缆	路径巡视	1周2次	1周1次	2周1次	2周1次	（1）电缆路径巡查范围包括电缆隧道上方地面部分，不包括变电站、电厂内的电缆，变电站、电厂内的电缆按精细巡视工作要求执行。 （2）查看终端场（站）、构架是否完好，电缆线路保护区内及终端杆塔周围有无影响电缆安全运行的树木、爬藤、堆物及违章建筑等。 （3）查看电缆路径周边是否存在违章施工，软土基的电缆走廊有无沉降等现象，沟盖、井盖是否缺损，安健环设施及警示标志牌等是否完好。 （4）有防外力破坏特巡特维或群众护线电缆线路区段，其巡查密度不低于1周2次的，可适当降低电缆运维人员巡视的频率，其中Ⅰ级线路不少于1周1次、Ⅱ级线路不少于2周1次、Ⅲ/Ⅳ级线路不少于1月1次。位于山区无外力破坏风险的Ⅳ级35kV电缆，巡视周期可调整为2月1次。 （5）在路径巡视周期内完成一次精细巡视可代替一次路径巡视。 （6）具备条件的电缆通道，可使用无人机航拍代替人工巡视到位，需保留航拍录像或图片作为到位依据。航拍录像或图片中应能清晰观察到工作要求中的具体查看内容
	精细巡视	2月1次	2月1次	（1）35、110kV上、下半年各1次； （2）220kV每季度1次	（1）35、110kV上、下半年各1次； （2）220kV每季度1次	除路径巡视工作要求外，还应按照表C3要求开展电缆终端、接地箱、避雷器等部件的巡视检查工作

续表

项目		周期				工作要求
		Ⅰ级	Ⅱ级	Ⅲ级	Ⅳ级	
隧道内电缆	隧道巡视	2月1次	2月1次	2月1次	2月1次	（1）终端、避雷器、接地箱等部件的巡视检查工作要求按照表C3执行。 （2）隧道内电缆巡视工作按照表C4要求开展，隧道机器人或隧道环境监控系统可完成巡视的隧道区段，可适当降低人员巡视频率，但人工巡查频率不得低于6月1次。 （3）同隧道内不同电压等级电缆应同时进行检查。 （4）电缆隧道外部通道巡视按照路径巡视周期开展
海底电缆（含水底电缆）	路由巡视	（1）有在线监测〔船舶自动识别监视系统（automatic identification system, AIS）〕：1天3次查看在线监测系统； （2）无在线监测：1周2次	（1）有在线监测（AIS）：1天3次查看在线监测系统； （2）无在线监测：1周1次	（1）有在线监测（AIS）：1天3次查看在线监测系统； （2）无在线监测：1周1次	（1）有在线监测（AIS）：1天3次查看在线监测系统； （2）无在线监测：1周1次	（1）对水面船舶活动情况、海上浮标、岸上航标等标志进行巡视检查。 （2）有条件的运维单位应采用出海定期巡视方式开展，也可采用机巡先进工具、视频监控等方式代替。 （3）应密切监视任何可能导致电缆受损的危险情况，如电缆保护区内船只抛锚、施工、捕捞、养殖作业等水下作业。 （4）查看海（河）上浮标、岸上航标、警告牌（助航标志）及照明装置是否完好，航标灯是否明亮，临近海（河）岸两侧电缆盖板是否露出水面或移位。 （5）有船舶自动识别监视系统（automatic identification system, AIS）、船舶交通管理系统（vessel traffic service, VTS）等监控系统的可适当延长周期，但不得超过1个月
	精细巡视	2月1次	2月1次	2月1次	2月1次	除路由巡视工作要求外，还应按照表C3要求开展电缆终端、接地箱、避雷器等部件和充油电缆系统的巡视检查工作

2. 特殊巡维

（1）电缆线路特殊巡视策略表如表 B11 所示。

表 B11 　　　　　　　　　　**电缆线路特殊巡视策略表**

项目	周期				工作要求（在特殊巡视周期内，已完成日常巡视的，可当作一次特殊巡视）
	关键	重要	关注	一般	
防外力破坏	（1）有施工作业或者其他潜在风险，对电缆安全运行构成影响的施工点：1 天 1 次； （2）固定隐患点利用视频监控代替特殊巡视，每 1 周开展 1 次安全宣传；	（1）有施工作业或者其他潜在风险，对电缆安全运行构成影响的施工点：1 天 1 次； （2）固定隐患点利用视频监控代替特殊巡视，每 1 周开展 1 次安全宣传；	（1）有施工作业或者其他潜在风险，对电缆安全运行构成影响的施工点：1 天 1 次； （2）固定隐患点利用视频监控代替特殊巡视，每 2 周开展 1 次安全宣传；	（1）有施工作业或者其他潜在风险，对电缆安全运行构成影响的施工点：1 天 1 次； （2）固定隐患点利用视频监控代替特殊巡视，每 2 周开展 1 次安全宣传；	（1）做好电缆通道保护范围内施工、钻探、顶管、堆取土、建房、采石、爆破、种植等作业的巡查和监控工作，防范外力破坏风险。 （2）各运维单位应与外力破坏隐患点责任方建立双向安全交底机制，运维单位应通过下发安全隐患通知书、现场安全交底、设置警示标志牌、向政府报备等措施切实做好安全风险揭示及管控工作；各运维单位应要求外力破坏隐患点责任方对计划开展的施工作业向运维单位及时交底，双方协商制定有效的安全管控措施。 （3）对处于可能通车区域的电缆场、电缆终端杆塔或立式接地箱，应做好防撞措施。 （4）固定外力破坏隐患点应安装视频监控。 （5）各运维单位通过系统维护防外力破坏隐患区段信息，系统自动派发巡视计划，视频巡视按照图片推送频率不少于 1h 推送 1 次，运维单位通过系统 PC 端或移动端查看监控结果。 （6）各运维单位通过系统 PC 端或移动端及时查看告警图片，并进行告警确认，确认告警时长不超过 1h，完成告警闭环。

续表

项目	周期				工作要求（在特殊巡视周期内，已完成日常巡视的，可当作一次特殊巡视）
	关键	重要	关注	一般	
防外力破坏	（3）必要时安排值守	（3）必要时安排值守	（3）必要时安排值守	（3）必要时安排值守	（7）未安装视频监控或装置出现故障无法满足监控巡视周期要求，但有外委人员进行特巡或群众护线，则运维单位人员的巡视频率不少于1周1次，外委人员巡视频率不低于1周2次
防污闪（11～次年3月）	（1）积污期超过60天，且湿度超过85%时，对d级及以上污区开展夜巡1周1次；（2）必要时	（1）积污期超过60天，且湿度超过85%时，对d级及以上污区开展夜巡1周1次；（2）必要时	（1）积污期超过90天，且湿度超过85%时，对d级及以上污区开展夜巡1周1次；（2）必要时	（1）积污期超过90天，且湿度超过85%时，对d级及以上污区开展夜巡1周1次；（2）必要时	（1）污闪季节来临前，对爬距不足的电缆终端及避雷器完成清污等工作。（2）结合线路停电对爬距不足的电缆终端、避雷器进行清扫，停电难度较大的可开展带电水冲洗。对于已喷涂防污闪涂料的需注意表面涂料有无脱落、起皮、龟裂和粉化现象。（3）对于积污期较长的电缆终端、避雷器，在空气湿度较大时开展特巡（夜巡）工作，及时发现并消除污闪隐患
防风防汛（4～10月）	（1）安装视频监控的区段，可利用视频监控代替特殊巡视；（2）未安装视频监控的区段，1月1次；（3）必要时	（1）安装视频监控的区段，可利用视频监控代替特殊巡视；（2）未安装视频监控的区段，1月1次；（3）必要时	（1）安装视频监控的区段，可利用视频监控代替特殊巡视；（2）未安装视频监控的区段，1月1次；（3）必要时	（1）安装视频监控的区段，可利用视频监控代替特殊巡视；（2）未安装视频监控的区段，1月1次；（3）必要时	（1）雨季、台风来临之前，开展电缆桥、终端场、隧道等隐患排查及治理工作。对可能遭受洪水、暴雨冲刷的电缆通道、电缆渡槽（桥架、桥涵）提前采取防控措施，电缆隧道重点检查排水系统是否正常。（2）进入汛期后，每次强降雨或连续阴雨后对隐患点开展特巡，重点检查电缆户外终端情况，检查电缆隧道的渗水、积水及排水情况，发现问题及时处理。（3）在台风或强降雨后，在天气状况允许条件下，运用"人机协同"工作模式开展灾后巡查及事故抢修工作。

项目	周期				工作要求（在特殊巡视周期内，已完成日常巡视的，可当作一次特殊巡视）
	关键	重要	关注	一般	
防风防汛（4～10月）	（1）安装视频监控的区段，可利用视频监控代替特殊巡视； （2）未安装视频监控的区段，1月1次； （3）必要时	（1）安装视频监控的区段，可利用视频监控代替特殊巡视； （2）未安装视频监控的区段，1月1次； （3）必要时	（1）安装视频监控的区段，可利用视频监控代替特殊巡视； （2）未安装视频监控的区段，1月1次； （3）必要时	（1）安装视频监控的区段，可利用视频监控代替特殊巡视； （2）未安装视频监控的区段，1月1次； （3）必要时	（4）视频监控装置应可以监控电缆通道、电缆桥架、终端场、隧道等易遭受洪水、暴雨冲刷的位置；隧道环境监控系统应可以监控电缆隧道的集水井水位和抽水泵的工作状态。 （5）各运维单位通过系统维护防风防汛隐患区段信息，系统自动派发巡视计划，视频巡视按照图片推送频率不少于1h推送1次，运维单位通过系统 PC 端或移动端查看监控结果。 （6）各运维单位通过系统 PC 端或移动端及时查看告警图片，并进行告警确认，确认告警时长不超过 1h，完成告警闭环。 （7）具备电缆隧道环境监控系统的电缆隧道，线路运维单位应根据现场情况，在工作时间安排人员定期查看电缆隧道环境监控系统
故障巡视	必要时	必要时	必要时	必要时	（1）电缆线路发生故障时，根据线路跳闸、故障测距等信息，对故障点位置进行初步判断。 （2）沿电缆线路全线查线，重点巡视电缆通道、电缆终端、电缆接头，确定有无外力破坏、设备受损的情况。 （3）如未发现明显故障点，应将故障电缆与其他带电设备完全隔离，并做好满足故障测寻及处理要求的安全措施。 （4）跳闸线路安装有视频监控装置的，线路跳闸后应安排专人对跳闸时间前后的视频监控数据进行排查，协助寻找故障原因

（2）电缆线路动态巡维策略表如表 B12 所示。

表 B12　　　　　　　　　　电缆线路动态巡维策略表

触发条件	周期	工作要求	说明
电网风险	必要时	（1）对于基于问题的电网运行风险，各地市供电局应及时调整输电线路的重要度及管控级别，并按照调整后的管控级别及重要度开展日常巡维、特殊巡视及专业检测工作，巡维结果及时向本单位生产技术部及相关部门反馈。 （2）对于存在一级事件及以上严重后果和220kV及以上线路存在二级事件严重后果的基于问题的电网运行风险，各地市供电局、机巡管理中心及电力科学研究院应协同合作，发挥各自优势，共同开展输电线路运行风险防控工作。 （3）对于影响线路安全运行的缺陷及隐患，应在电网风险生效前开展缺陷治理及隐患防控工作。 （4）在风险生效前开展有针对性的全线巡维工作，运维部门应在风险生效前3天内开展全线巡维工作，风险生效前30天内已巡维的线路区段属于有效巡维周期，可不再重复巡维；存在Ⅲ级及以上电网风险的保供电线路需在风险前开展有针对性的特殊区段巡维工作	以人工巡视、无人机、电缆隧道机器人、视频监控、环境监控、电缆本体在线监测等方式开展
气象突变	必要时	在大风、雷雨及寒潮等恶劣天气前后，条件允许时针对线路相应的隐患区段开展特巡特维	以人工巡视、无人机、电缆隧道机器人、视频监控、环境监控、电缆本体在线监测等方式开展
保供电	必要时	（1）各地市供电局应及时调整输电线路的重要度及管控级别，并按照调整后的管控级别及重要度开展日常巡维、特殊巡视及专业检测工作，巡维结果及时向本单位生产技术部及相应部门反馈。 （2）具体工作要求按照保供电方案执行。 （3）对于影响保供电线路安全运行的缺陷及隐患，应在保供电之前开展缺陷治理及隐患防控工作	以人工巡视、无人机、电缆隧道机器人、视频监控、环境监控、电缆本体在线监测等方式开展

（3）电缆线路专业检测策略表如表 B13 所示。

表 B13　　　　　　　　　　电缆线路专业检测策略表

项目	周期				工作要求	说明
	关键	重要	关注	一般		
红外测温（陆地电缆）	（1）2月1次； （2）必要时	（1）2月1次； （2）必要时	（1）35、110kV上、下半年各1次；	（1）35、110kV上、下半年各1次；	（1）对于敷设在同一隧道内的所有电缆线路，红外检测周期按照最高电压等级要求执行。	具体按DL/T 664—2016《带电设备红外诊断应用

项目	周期				工作要求	说明
	关键	重要	关注	一般		
红外测温（陆地电缆）	（1）2月1次； （2）必要时	（1）2月1次； （2）必要时	（2）220kV每季度1次； （3）必要时	（2）220kV每季度1次； （3）必要时	（2）对非直埋式中间接头部位进行红外检测，已采取防火防爆措施不具备测试条件的中间接头可不进行。 （3）对电缆户外终端进行红外检测，重点观察应力锥部位、尾管铅封是否存在异常发热。 （4）对避雷器进行红外检测，重点检查设备本体、导线连接部位有无整体或局部过热现象。 （5）对立于地面上的接地箱进行红外检测，重点检查连接片、紧固螺栓等金属连接部位是否存在异常发热。 （6）在迎峰度夏期间可适当增加红外检测次数	规范》执行，用红外热像仪测量，并记录红外成像谱图
红外测温（海底电缆）	（1）2月1次； （2）必要时	（1）2月1次； （2）必要时	（1）35、110kV上、下半年各1次； （2）220kV每季度1次； （3）必要时	（1）35、110kV上、下半年各1次； （2）220kV每季度1次； （3）必要时	（1）对电缆户外终端进行红外检测，重点观察应力锥部位是否存在异常发热。 （2）对避雷器进行红外检测，重点检查设备本体、导线连接部位有无整体或局部过热现象。 （3）对立于地面上的接地箱进行红外检测，重点检查连接片、紧固螺栓等金属连接部位是否存在异常发热。 （4）在迎峰度夏期间适当增加红外检测次数	具体按DL/T 664—2016《带电设备红外诊断应用规范》执行，用红外热像仪测量，并记录红外成像谱图

续表

项目	周期				工作要求	说明
	关键	重要	关注	一般		
护层接地环流测试	（1）2月1次；（2）必要时	（1）2月1次；（2）必要时	（1）6月1次；（2）必要时	（1）6月1次；（2）必要时	（1）单回路敷设电缆线路，一般不大于电缆负荷电流值的10%，对于大于10%的电缆线路应跟踪复测，查明原因。（2）多回路同沟敷设电缆线路，应注意外护套接地电流变化趋势，如有异常变化应加强监测并查找原因。（3）安装有环流在线监测系统的，应对在线监测系统的运行情况和数据准确性进行定期检查，在线监测系统正常运行期间，监测数据可代替人工测量数据	—

3. 预防性试验

（1）电缆通道预防性试验如表B14所示。

表 B14　　　　　　　　电缆通道预防性试验

项目	周期	要求	说明
海底电缆埋深检测	（1）新投运2年内开展一次；（2）必要时，如怀疑路由情况有变动时	（1）海底电缆路由坐标（含两侧登陆段）测量。（2）海底电缆埋设深度检测。（3）海底电缆路由障碍物检查。（4）海底电缆裸露、悬空检测。（5）海底电缆路由地形地貌测量。（6）石坝外观检测。（7）石坝保护深度	使用专门的海缆路由检测设备，必要时停电开展

（2）纸绝缘电力电缆及附件预防性试验如表B15所示。

表 B15　　　　　　　　　　　纸绝缘电力电缆及附件预防性试验

项目	周期	要求	说明
绝缘电阻	6 年	陆地电缆：一般应大于 1000MΩ。 海底电缆：35kV 的应不小于 50MΩ，110kV 及以上的应大于 500MΩ	使用 2500V 及以上绝缘电阻表
直流耐压试验	（1）6 年； （2）大修新做终端或接头后	（1）试验电压值按下表规定，加压时间 5min，不击穿。 | 额定电压 U_0/U（kV）	黏性油纸绝缘试验电压（kV）	不滴流油纸绝缘试验电压（kV）
21/35	105	—
26/35	130	— | （2）耐压结束时的泄漏电流值不应大于耐压 1min 时的泄漏电流值。 （3）三相之间的泄漏电流不平衡系数不应大于 2	—

（3）橡塑绝缘电力电缆及附件预防性试验如表 B16 所示。

表 B16　　　　　　　　　　橡塑绝缘电力电缆及附件预防性试验

项目	周期	要求	说明
主绝缘绝缘电阻	新作终端或接头后	陆地电缆：一般应大于 1000MΩ。 海底电缆：35kV 的应不小于 100MΩ，110kV 及以上的应大于 500MΩ	（1）使用 2500V 及以上绝缘电阻表。 （2）通过 GIS 接地开关连板测试的不适用
主绝缘交流耐压试验	（1）大修新作终端或接头后； （2）必要时，如怀疑有故障时	陆地电缆：推荐使用频率 20～300Hz 谐振耐压试验。 （1）电压等级为 35kV 时，试验电压为 $1.6U_0$，试验时间为 60min； （2）电压等级为 110kV 时，试验电压为 $1.6U_0$，试验时间为 60min； （3）电压等级为 220kV 及以上时，试验电压为 $1.36U_0$，试验时间为 60min。 海底电缆：具体要求应按照 DL/T 1278—2013《海底电力电缆运行规程》执行	（1）不具备试验条件或运行超过设计寿命时可用施加正常系统相对地电压 24h 方法替代。 （2）耐压试验前后应进行绝缘电阻测试，测得值应无明显变化。 （3）有条件时同步开展局部放电检测
外护套绝缘电阻	6 年	每千米绝缘电阻值不低于 0.5MΩ	（1）采用 500V 绝缘电阻表。 （2）35kV 电缆可不进行

续表

项目	周期	要求	说明
局部放电测试	（1）110kV 电缆线路投运后 3 年内一次，运行 20 年后每 6 年一次； （2）220kV 电缆线路投运后 3 年内一次，之后每 6 年一次； （3）500kV 电缆线路每 3 年一次	（1）按 GB/T 3048.12—2007《电线电缆电性能试验方法 第 12 部分：局部放电试验》的要求进行局部放电检测，应无明显局部放电信号。 （2）110、220kV 电缆带电局部放电检测，如发现疑似信号应跟踪复测，有条件宜安排停电检测，必要时更换。 （3）当电缆线路负荷较重时，应适当调整检测周期。 （4）对运行环境差、设备陈旧及缺陷设备，要增加检测次数。 （5）测试周期可根据实际或运维策略动态调整	（1）可在带电或停电状态下进行，可采用高频电流、振荡波、超声波、超高频等检测方法。 （2）安装高频局部放电在线监测系统的可适当延长检测周期

注 针对运行超过设计寿命的电缆线路，应结合迁改、技术改造项目及故障抢修，取样电缆（含接头）开展寿命评估，根据评估结论采取措施，同时应加强设备状态评价，缩短局放电、红外测温和接地环流测试项目周期。

（4）自容式充油电缆及附件预防性试验如表 B17 所示。

表 B17 　　　　　　　　自容式充油电缆及附件预防性试验

项目	周期	要求	说明
压力箱供油特性、电缆油击穿电压和电缆油的 $\tan\delta$	新接入系统的压力箱进行	（1）压力箱的供油量不应小于压力箱供油特性曲线所代表的标称供油量的 90%。 （2）电缆油击穿电压不低于 50kV。 （3）100℃时电缆油的 $\tan\delta$ 不大于：220kV 及以下的为 0.5%，500kV 的为 0.28%	（1）压力箱供油特性的试验按 GB/T 9326.5—2008《交流 500kV 及以下纸或聚丙烯复合纸绝缘金属套充油电缆及附件 第 5 部分：压力供油箱》中 6.6 进行。 （2）电缆油击穿电压试验按 GB/T 507—2002《绝缘油击穿电压测定法》规定在室温下测量油的击穿电压。 （3）$\tan\delta$ 测量按照 GB/T 9326.1—2008《交流 500kV 及以下纸或聚丙烯复合纸绝缘金属套充油电缆及附件 第 1 部分：试验》的规定进行

续表

项目	周期	要求	说明
电缆及附件内的电缆油击穿电压、$\tan\delta$ 及油中溶解气体	（1）测量击穿电压和 $\tan\delta$：3 年； （2）必要时，如怀疑电缆绝缘过热老化、终端或塞止接头存在严重局部放电时	（1）击穿电压不低于 45kV。 （2）电缆油在温度（100±1）℃和场强 1MV/m 下的 $\tan\delta$ 不应大于下列数值。 投运前：220kV 及以下的为 0.5%，500kV 为 0.35%。 运行后：3%。 （3）油中溶解气体组分含量的注意值见下表。 表见下	（1）电缆油击穿电压试验按 GB/T 507—2002《绝缘油击穿电压测定法》规定在室温下测量油的击穿电压。 （2）$\tan\delta$ 测量按照 GB/T 9326.1—2008《交流 500kV 及以下纸或聚丙烯复合纸绝缘金属套充油电缆及附件　第 1 部分：试验》的规定

下表：

气体组分	注意值（μL/L）	气体组分	注意值（μL/L）
可燃气体总量	1500	CO_2	1000
H_2	500	CH_4	200
C_2H_2	痕量	C_2H_6	200
CO	100	C_2H_4	200

项目	周期	要求	说明
油压示警系统信号指示及控制电缆线芯对地绝缘电阻	（1）信号指示 6 个月； （2）控制电缆线芯对地绝缘 3 年	（1）信号指示能正确发出相应的示警信号。 （2）控制电缆线芯对地绝缘每千米绝缘电阻不小于 1MΩ	（1）合上示警信号装置的试验开关应能正确发出相应的声、光示警信号。 （2）绝缘电阻采用 100V 或 250V 绝缘电阻表测量
主绝缘直流耐压试验	（1）大修新作终端或接头后； （2）电缆失去油压并导致受潮或进气经修复后； （3）怀疑电缆有故障时	试验电压值按下表规定，加压时间 5min，不击穿。 表见下	—

试验电压表：

电缆额定电压 U_0/U（kV）	GB/T 311.1—2012《绝缘配合 第 1 部分：定义、原则和规则》规定的雷电冲击耐受电压（kV）	修复、作头后试验电压（kV）
64/110	450 550	225 275
127/220	850 950 1050	425 475 510
290/500	1425 1550 1675	715 775 840

注　1. 油中溶解气体分析的试验方法和要求按 DL/T 722—2014《变压器油中溶解气体分析和判断导则》规定。
　　2. 注意值不是判断充油电缆有无故障的唯一指标，当气体含量达到注意值时，应进行追踪分析查明原因。

（5）接地系统预防性试验如表 B18 所示。

表 B18　　　　　　　　　　接地系统预防性试验

项目	周期	要求	说明
电缆外护套、绝缘接头外护套与绝缘夹板的直流耐压试验	护套缺陷修复后	在每段电缆金属屏蔽或金属套与地之间施加直流电压 5kV，加压时间 1min，不应击穿	试验时必须将护层过电压保护器断开，在互联箱中将另一侧的三段电缆金属套都接地
互联箱隔离开关（或连接片）接触电阻和连接位置的检查	110kV 及以上：怀疑有缺陷时	（1）在正常工作位置进行测量，接触电阻不应大于 20μΩ。（2）连接位置应正确无误	（1）用双臂电桥或回路电阻测试仪。（2）在交叉互联系统的试验合格后、密封互联箱之前进行；如发现连接错误，重新连接后必须重测隔离开关（或连接片）的接触电阻
接地电阻	怀疑有缺陷时	电缆接头井、终端场的接地电阻应满足设计要求	用三极法进行测试
护层过电压保护器的绝缘电阻或直流伏安特性	6 年	（1）伏安特性或参考电压应符合制造厂的规定。（2）用 1000V 绝缘电阻表测量引线与外壳之间的绝缘电阻，其值不应小于 10MΩ	—

注　接地箱、保护器和隔离开关（或连接片）的具体试验方法可参照 GB/T 50150—2016《电气装置安装工程　电气设备交接试验标准》以及 DL/T 596—2021《电力设备预防性试验规程》执行。

（6）无间隙金属氧化物避雷器预防性试验如表 B19 所示。

表 B19　　　　　　　　无间隙金属氧化物避雷器预防性试验

项目	周期	要求	说明
运行电压下的交流泄漏电流带电测试	（1）35kV 及以上：新投运后半年内测量一次，运行一年后每年雷雨季前 1 次；（2）怀疑有缺陷时	（1）测量运行电压下全电流、阻性电流或功率损耗，测量值与初始值比较不应有明显变化。（2）测量值与初始值比较，当阻性电流增加 50% 时应该分析原因，加强监测，适当缩短检测周期；当阻性电流增加 1 倍时应停电检查	（1）安装在电缆终端杆塔平台、线路杆塔上的避雷器如不具备测试条件可不进行。（2）避雷器（放电计数器）带有全电流在线检测装置的不能替代本项目试验，巡视时记录读数，数据异常应及时带电或停电进行阻性电流测试
检查放电计数器动作情况	（1）怀疑有缺陷时；（2）停电检修时	测试 3～5 次，均应正常动作	—
工频参考电流下的工频参考电压	怀疑有缺陷时	应符合 GB/T 11032—2020《交流无间隙金属氧化物避雷器》或制造厂的规定	（1）测量环境温度（20±15）℃。（2）测量应每节单独进行，整相避雷器有一节不合格，宜整相更换

续表

项目	周期	要求	说明
绝缘电阻	（1）35、110kV：6年；220、500kV：3年。（2）怀疑有缺陷时	（1）35kV 以上：不小于2500MΩ。（2）35kV 及以下：不小于 1000MΩ	采用 2500V 及以上绝缘电阻表
直流 1mA 电压 U_{1mA} 及 $0.75U_{1mA}$ 下的泄漏电流	（1）35、110kV：6年；220、500kV：3年。（2）怀疑有缺陷时	（1）不低于 GB/T 11032—2020《交流无间隙金属氧化物避雷器》规定值。（2）U_{1mA} 实测值与初始值或制造厂规定值比较，变化不应大于±5%。（3）$0.75U_{1mA}$ 下的泄漏电流不应大于 50μA	（1）要记录环境温度和相对湿度，测量电流的导线应使用屏蔽线。（2）初始值指交接试验或投产试验时的测量值。（3）避雷器怀疑有缺陷时应同时进行交流试验
底座绝缘电阻	（1）35、110kV：6年；220、500kV：3年。（2）怀疑有缺陷时	不小于 5MΩ	采用 2500V 及以上绝缘电阻表

注　1. 每年定期进行运行电压下全电流及阻性电流带电测量的，对"工频参考电流下的工频参考电压""绝缘电阻""直流 1mA 电压 U_{1mA} 及 $0.75U_{1mA}$ 下的泄漏电流""底座绝缘电阻"可不做定期试验。
　　2. 进行交流阻性电流带电测试有困难时，应加强红外检测、全电流监视，并结合线路停电采取抽检的方式进行"工频参考电流下的工频参考电压""绝缘电阻""直流 1mA 电压 U_{1mA} 及 $0.75U_{1mA}$ 下的泄漏电流""底座绝缘电阻"的停电试验。

4. 检修维护

检修维护要求如表 B20 所示。

表 B20　　　　　　　　　　检修维护要求

项目	周期	要求	说明
接头井检查	2 年 1 次	打开盖板或使用内窥镜对接头井内部情况进行检查	—
电缆工井修缮	必要时	（1）对于存在基础下沉、墙体坍塌的电缆工井，应采取措施控制破损速度，及时进行维修。（2）对于盖板缺失的电缆工井，应及时修补，并采取措施防止行人或异物坠入	—
电缆隧道修缮	必要时	（1）对于存在渗漏水情况的电缆隧道，应及时进行维修。（2）对排水、照明、通风、消防等附属设施损坏的电缆隧道，应及时进行维修。（3）对于竖井盖板缺失、爬梯锈蚀或损坏的电缆隧道，应及时进行维修	—
通道清理	必要时	进行电缆隧道积水、电缆通道杂物等清理工作	—

附录 C 输电线路巡视项目

各类型输电线路巡视项目要求分别见表 C1～表 C4。

表 C1 　　　　　　　　 **机巡精细化巡视检查主要内容**

检查对象	检查内容
杆塔基础	基础周围土壤有无突起或沉陷，护坡有无沉塌或被冲刷
	上、下边坡是否有塌方
	防洪设施（如挡土墙、护坡、护面、围堰、排水沟）是否坍塌或损坏
	防撞设施有无破损、被盗、倒塌
	基面有无积水，基础是否被浸泡
	保护帽有无堆积杂物
	基面有无杂草、树木等
	地基与基面是否冻胀
	地基与基面回填土是否下沉或缺土
	基础有无明显破损、疏松、裂纹、露筋
	基础是否移位
	边坡保护是否不够
防雷设施及接地装置	放电间隙有无缺失
	放电间隙有无烧损、变动
	接部位有无雷电烧痕等
	接地体是否外露、缺失
	架空地线引流线有无断股、脱落、严重锈蚀、螺栓松脱
	避雷器是否动作异常，计数器有无失效、破损、变形，引线是否松脱
杆塔	杆塔是否倾斜
	横担是否歪斜
	横担及以上部分塔材是否锈蚀
	横担以下部分塔材是否锈蚀
	横担及以上部分塔材是否变形

续表

检查对象	检查内容
杆塔	横担以下部分塔材是否变形
	横担及以上部分塔材是否缺失
	横担以下部分塔材是否缺失
	铁塔部件固定螺栓、脚钉有无松动，是否缺螺栓或螺母，螺栓螺纹长度是否不够
	铁塔是否存在异物
	近塔头侧拉线部件是否丢失、破坏、锈蚀，是否缺螺栓、螺母，是否松动
	混凝土杆是否未封杆顶，有无破损、裂纹、爬梯变形
	是否土埋塔脚
拉线及基础	拉线金具等是否被拆卸
	拉线棒是否严重锈蚀或蚀损
	拉线是否松弛、断股、严重锈蚀
	拉线基础回填土是否下沉或缺土等
导线	导线是否断股、散股、断线
	导线是否损伤、烧伤、锈蚀、电晕现象、导线缠绕（混线）、接头部位过热
	导线弧垂、同相子导线间距有无变化
	导线有无上扬、振动异常、舞动、脱冰跳跃
	分裂导线是否鞭击、扭绞、粘连
	导线在线夹中有无滑移
	跳线有无断股、磨损
	跳线线间有无扭绞，硬跳线有无异常
	导线上是否有异物
	是否覆冰、舞动、风偏过大，对交叉跨越物距离是否不够
光纤复合架空地线（OPGW）、引流线	OPGW 有无锈蚀
	OPGW 有无断股、散股
	OPGW 有无损伤或烧伤
	OPGW 有无对交叉跨越物距离不够
	OPGW 弧垂有无变化
	OPGW 有无上扬、振动异常、舞动、脱冰跳跃

续表

检查对象	检查内容
光纤复合架空地线（OPGW）、引流线	OPGW 在线夹中有无滑移
	OPGW 金具串有无偏移
	OPGW 跳线有无断股、松脱
	OPGW 接续盒及余缆架有无损坏
	OPGW 接续盒及余缆架有无移位、变形
	OPGW 有无异响或电晕情况
	OPGW 上是否悬挂异物
	具备融冰功能 OPGW 引下线是否松脱
	具备融冰功能 OPGW 引下线是否烧伤、断股，与塔身电气距离是否满足要求
金具	接续管、耐张线夹是否温升异常
	接续管或补休管与间隔棒、悬垂线夹、耐张线夹的距离是否满足要求
	耐张线夹是否存在变形、烧伤、锈蚀、螺栓缺失
	耐张线夹是否存在裂纹、变色，螺栓松动，耐张线夹管口导线是否出现滑移
	检查并钩线夹、楔形线夹、CH 型线夹是否存在烧伤、损坏
	联板、挂板、挂环等连接金具是否锈蚀、变形、烧伤
	联板、挂板、挂环等连接金具是否磨损、裂纹、螺栓松动、缺失，锁紧销（开口销、弹簧销等）是否断裂、缺失、失效等
	悬垂线夹等有无锈蚀、变形，线夹是否迈步、断裂、发热
	悬垂线夹等有无磨损、裂纹，连接片是否缺失或断裂，螺栓是否松动、缺失，开口销及弹簧销是否缺损脱出等
	预绞丝有无滑动、松股、断股或烧伤
	防振锤有无锈蚀、变形、移位、脱落、偏斜、破损；阻尼线是否移位、损伤、脱落、烧伤
	相间间隔棒连接处是否放电烧伤、松脱、变形或离位、悬挂异物
	相分裂导线的间隔棒及相间间隔棒有无位移、折断、线夹脱落
	相分裂导线的间隔棒及相间间隔棒有无松动、连接处磨损，锁紧销（开口销、弹簧销等）是否断裂、缺失
	均压环、屏蔽环是否变形、断裂、歪斜、发热、螺栓松动
	均压环、屏蔽环是否烧伤、安装错误

检查对象	检查内容
绝缘子	绝缘子是否脏污
	横担及以上部分支撑绝缘子是否松动、倾斜、脱落等
	横担以下部分支撑绝缘子是否松动、倾斜、脱落等
	绝缘子串是否出现倾斜
	双串绝缘子是否受力不均衡
	PRTV 涂层、增爬裙是否龟裂、粉化、松脱
	瓷质有无裂纹、破损
	绝缘子钢帽、钢脚是否锈蚀，钢帽是否裂纹、断裂
	绝缘子钢脚是否弯曲
	钢化玻璃绝缘子有无爆裂
	复合绝缘子伞裙、护套材料有无脱胶、破损现象
	复合绝缘子芯棒与金属连接部位有无锈蚀及变形
	复合绝缘子有无裂缝或电蚀、粉化
	复合绝缘子温升是否异常
	复合绝缘子是否脆断
	弹簧销、W 销、R 销是否缺损
	绝缘子有无闪络痕迹
	绝缘子有无爬电现象
	绝缘子槽口、钢脚、弹簧销有无不配合，锁紧销子是否松脱等
	绝缘子上悬挂有无异物
通道及保护区	保护区有无种植树木、竹子等高秆植物
	有无新建线路、公路、铁路、石油管道等交叉穿越
	有无在保护区内打桩、钻探、地下采掘及在铁塔或拉线基础 10m（特殊 15m）范围内取土、开挖等作业
	有无在线路附近（500m 内）开展爆破、开山采石等危及线路安全的施工作业
	有无违章建筑，导线与建（构）筑物安全距离是否不足等
	通道内有无防火危险点
	线路附近有无燃放烟火，有无易燃、易爆物堆积
	有无在铁塔上架设其他设施或利用铁塔、拉线作其他用途

续表

检查对象	检查内容
通道及保护区	有无进入或穿越保护区的超高机械
	有无向线路设施射击、抛掷物件
	有无在线路保护区内新建建筑物
	有无在线路保护区内烧窑、烧荒、堆放谷物、草料、垃圾、易燃物、易爆物及其他影响供电安全的物品
	有无在铁塔内或铁塔与拉线之间修建车道
	线路附近有无易被风吹起的锡箔纸、塑料薄膜或放风筝等等
	巡视便道有无过高杂草或损坏
	有无污染源、出现新的污染源或污染加重等
	防洪、排水、基础保护设施是否出现大面积坍塌、淤堵、破损
	有无出现地震、冰灾、山洪、泥石流、山体滑坡等自然灾害，引起通道环境变化
	有无出现巡线道、桥梁损坏
	有无出现新的采动影响区，采动区是否出现裂缝、塌陷影响线路
	线路附近是否有人放风筝、有危及线路安全的飘浮物、采石（开矿）、射击打靶、藤蔓类植物攀附杆塔
附属设施	机巡线标志牌、塔号牌、相位、警告、指示及防护等标志有无缺损、位置错误或字迹不清
	各种监测装置有无缺失、损坏
	线路名称、杆塔编号有无字迹不清或喷涂错误
	各类防鸟装置是否脱落，固定式：破损、变形、螺栓松脱等；活动式：动作失灵、褪色、破损等；电子、光波、声响式：损坏
	故障诊断、微气象、污秽、防山火、图像、覆冰和导地线振动等在线监测终端外观检查有无损坏
	航空警示灯具高塔警示灯、跨江线彩球等是否缺失、损坏、失灵
	防舞防冰装置是否缺失、损坏等
	防坠轨道、爬梯围栏装置等保护设施是否损坏

表 C2　　　　　　　　架空线路巡视检查主要内容

检查对象	检查内容
通道环境	（1）在线路保护区内有无违章建筑，导线与建（构）筑物安全距离是否不足。 （2）在线路保护区内有无树木（竹林）与导线安全距离不足。 （3）线路下方或附近有无危及线路安全的施工作业（如建筑、爆破、机耕、钻探、地下采掘等）。

检查对象	检查内容
通道环境	（4）线路附近有无烟火现象，有无易燃、易爆物堆积。 （5）是否出现新建或改建电力、通信线路、道路、铁路、索道、管道等与线路存在交叉跨越的情况。 （6）防洪、排水、基础防护设施是否出现坍塌、淤堵、破损等。 （7）有无地震、洪水、泥石流、山体滑坡等自然灾害引起通道环境的变化。 （8）巡线道、桥梁是否损坏等。 （9）线路附近是否出现新的污染源或污染加重等。 （10）采动影响区是否出现裂缝、塌陷等情况。 （11）线路附近是否有人放风筝、有危及线路安全的飘挂物、线路跨越鱼塘边无警示牌、采石（开矿）、射击打靶等
杆塔本体	（1）杆塔有无倾斜、主材弯曲、横担弯曲变形、地线支架变形等。 （2）杆塔有无锈蚀、裂纹。 （3）部件有无缺损、锈蚀或连接松动。 （4）钢管是否积水、排水孔堵塞。 （5）混凝土杆是否未封杆顶、破损、裂纹、杆根位移或腐蚀严重。 （6）拉棒、拉线是否锈蚀或被掩埋，拉线是否松弛、断股、抽筋，拉线尾是否过短等。 （7）杆塔上是否有鸟巢或蔓藤类植物
杆塔基础	（1）基础周围土壤是否有突起、沉陷或水冲刷或有取土现象。 （2）基础是否有裂纹、损坏、下沉、上拔、积水或掩埋。 （3）基础保护帽有无风化破碎、裂纹。 （4）挡土墙、护坡有无隐患
绝缘子	（1）伞裙是否有严重污秽。 （2）玻璃绝缘子是否有自爆或闪络痕迹。 （3）瓷绝缘子伞裙是否有裂纹、破损或放电痕迹。 （4）复合绝缘子是否有破损、电蚀或放电痕迹。 （5）绝缘子金属附件是否有放电痕迹、裂纹或严重锈蚀。 （6）绝缘子锁紧销是否有缺损。 （7）检查绝缘子防污闪涂料表面有无粉化、龟裂、起皮和脱落等问题。 （8）绝缘子串顺线路方向倾斜角情况
导地线	（1）是否出现散股、断股、损伤、断线、放电烧伤、严重锈蚀等问题。 （2）悬挂有无飘挂物。 （3）弧垂是否过大或过小。 （4）有无电晕现象。 （5）导线是否缠绕。 （6）是否出现覆冰、舞动、风偏过大、交叉跨越物距离不够等问题
金具	（1）线夹是否断裂、裂纹、磨损、销钉脱落或严重锈蚀。 （2）耐张引流线夹是否过热变色、变形、螺栓松动、烧伤。 （3）连接管、预绞丝是否异常。 （4）均压环、屏蔽环是否烧伤、螺栓松动。 （5）防振锤是否移位、脱落、严重锈蚀、阻尼线变形、烧伤。 （6）间隔棒是否松脱、变形或离位。 （7）是否有各种连板、连接环、调整板损伤、裂纹等问题。 （8）防振锤、间隔棒、均压环、阻尼线是否锈蚀或异常

续表

检查对象	检查内容
接地装置	（1）接地引下线与杆塔连接是否不牢固。 （2）接地引下线是否断线、锈蚀。 （3）接地网或接地极是否外露、损坏、锈蚀。 （4）检查钢筋混凝土杆铁横担、地线支架与接地线连接情况。 （5）接地引下线与杆塔连接部位是否有放电痕迹等
线路避雷器	（1）复合绝缘外套表面是否存在脏污、龟裂、老化等现象。 （2）与避雷器、计数器连接的导线及接地引下线是否存在烧伤痕迹、扭结、松股、断股、严重腐蚀或其他明显的损伤或缺陷，引线连接部位金具是否存在缺损、变形、锈蚀，过热、松动等现象。 （3）均压环是否歪斜，串联间隙与原来位置相比是否发生偏移。 （4）复合外套及支撑件表面是否有明显或较大面积的缺陷（如破损、开裂等）。 （5）引流线长度是否过长或过短，接线柱是否承受额外应力。 （6）放电计数器是否外观异常、存在破损、变形、引线松脱、内部积水现象等
附属设施	（1）各种监测装置是否缺损、外观异常等。 （2）线路、杆号、相位、警告、防护、指示等标识有无缺损或异常、字迹或颜色不清、严重锈蚀等。 （3）航空警示器材（例如高塔警示灯、跨江线路彩球等）或装置是否缺损或异常。 （4）其他装置或设备（例如防鸟、防舞动、防雷装置）是否缺陷或异常

表 C3　　　　　　　　电缆线路精细巡视项目

序号	巡视对象	巡视内容
1	电缆终端	（1）检查电缆终端表面有无放电、污秽现象，GIS 筒内有无放电声响，必要时测量局部放电。 （2）检查终端密封是否完好，电缆终端是否有渗漏、缺油。 （3）检查终端绝缘管材有无开裂。 （4）检查套管及支撑绝缘子有无损伤。 （5）检查电气连接点固定件有无松动、锈蚀，必要时开展红外检测。 （6）检查有补油装置的交联电缆终端油位是否在规定的范围内
2	安装在地面上或隧道内的接地箱	（1）检查接地箱是否支架稳固、箱体有无锈蚀、密封是否良好。 （2）打开箱门，检查接地线和护层保护器外观是否完好、连接处是否紧固可靠，必要时开展红外检测。 （3）必要时测量连接处温度和单芯电缆金属护层接地线电流，有较大突变时应停电进行接地系统检查，查找接地电流突变原因。 （4）通过短路电流后应检查护层过电压保护器有无烧熔现象，接地箱内连接排接触是否良好
3	避雷器	（1）检查瓷套表面有无脏污，法兰有无裂纹、损坏、爬电现象；复合绝缘外套是否完整，表面有无脏污、龟裂老化、放电、破损和异物附着。 （2）检查压力释放装置紧固螺栓有无锈蚀，密封是否完整。 （3）检查避雷器、计数器连接的导线及接地引下线有无烧伤痕迹、扭结、松股、断股、严重腐蚀或其他明显的损伤或缺陷。

续表

序号	巡视对象	巡视内容
3	避雷器	（4）检查引线连接部位金具是否完好，有无变形、锈蚀、过热、松动现象。 （5）检查均压环有无螺栓松动、脱落、位移现象。 （6）检查避雷器绝缘基座有无积水、锈蚀、破损。 （7）检查泄漏电流监测仪是否正常，并按规定记录放电计数器动作次数及泄漏电流表读数，如出现异常应及时处理
4	敷设于地下、变电站和电厂内的电缆	（1）检查竖井、电缆夹层、未填沙的电缆沟内孔洞是否封堵完好，防火涂料或防火带是否完好。 （2）检查软土基的电缆走廊有无基础沉降等现象。 （3）检查电缆工井井盖是否完好，工井是否有沉降、开裂现象
5	敷设于桥梁上的电缆	（1）检查桥梁电缆保护管、沟槽有无脱开或锈蚀，盖板有无缺损，固定附件有无变形、腐蚀情况。 （2）检查电缆专用桥架围栏和防撞设施是否完好，基础有无变化，本体有无裂痕。 （3）检查电缆伸缩装置外观是否正常
6	充油电缆系统	（1）检查油压报警系统是否运行正常，油压是否在规定范围内。 （2）检查电缆系统陆上部位是否有漏、渗油痕迹，电缆终端头瓷套管上是否有损坏或污染

表 C4　　　　　　　　　　**电缆隧道巡视项目**

序号	巡视对象	巡视内容
1	隧道环境及附属设施	（1）查看隧道结构是否完好，有无沉降、破损、渗漏水等异常现象。 （2）查看隧道内窗、防盗网门铰链是否正常，盖板是否处于闭合状态，有无撬开迹象。 （3）按照《广东电网有限责任公司电缆及附件防火防爆工作指导意见》要求进行在线监测系统和消防、通风、排水及照明等隧道附属设施维护工作，检查在线监测装置和附属设施外观是否完好，金属部件有无锈蚀，系统运行是否正常
2	隧道内电缆线路	（1）检查电缆本体有无移位，浸渍绑扎带、电缆抱箍螺栓有无松脱，防火涂料（或防火带）、防火隔板、防火槽盒是否完好。 （2）检查电缆接头是否固定正常，抱箍有无松动，接头两端电缆悬空距离是否正常，热缩管有无开裂、老化，处接地线是否密封，防火涂料（或防火带）、电缆接头防火防爆装置等是否完好。 （3）检查隧道内电缆外护套与支架或金属构件处有无磨损、锈蚀或放电迹象，衬垫是否脱落

参 考 文 献

[1] 艾瑞咨询. 中国电力产业数字化研究报告 [R]. 2022.

[2] 杨丰任. 基于负荷聚类分块的中压配网网格化规划方法和自动布线算法 [D]. 重庆：重庆大学，2016.

[3] 杜敏，赵一. 网格化，首都配网发展的新坐标 [J]. 国家电网，2014（03）：100-102.

[4] 郭衍雯. 电网设备运维服务的网格化管理模式研究 [D]. 上海：复旦大学，2013.

[5] 刘师常. 网格化管理研究综述 [J]. 中国管理信息化，2019（22）：186-188.

[6] 潜力群. 金华供电公司输变配设备运检精益管理研究 [D]. 北京：华北电力大学，2018.

[7] 江兴. 供电企业输、变、配电运维一体化管理的研究与探讨 [J]. 科技创新与应用化，2013（36）：131-132.

[8] 吴奇，徐正宏，杨杰，等. 基于网格化管理的电力设备运维管理系统的设计 [J]. 电工电气，2007（5）：74-76.

[9] 张连耀. 基于网格化的粤桂合作区电力规划设计 [D]. 长春：吉林大学，2020.

[10] 董绍君，汪星，孙鹏，等. 基于ISO55000标准的电网资产网格化管理体系建设 [J]. 中国总会计师，2022（227）：133-136.

[11] 高雅文. 成都市社区网格化服务管理实践研究 [D]. 成都：西南财经大学，2016.

[12] 黄玉梅，李建华，黄志华. 网格化电力服务模式创新研究 [J]. 农技服务，2014（31）：167-168.

[13] 孙敏. 网格化社会管理模式的困境及其完善 [D]. 苏州：苏州大学，2014.

[14] 刘花. 我国社区管理网格化模式研究 [D]. 南京：南京师范大学，2014.

[15] 王淑燕. 我国社区网格化治理的创新实践探究 [D]. 济南：山东大学，2017.

[16] 杨恒，李梦姣，虢韬，等. 一种输电线路网格化运维策略的管理模式 [J]. 电力系统及其自动化学报，2016（28）：125-128.

[17] 俞德铃. 肇庆市Z社区网格化管理研究 [D]. 广州：华南理工大学，2020.